含章⑪✚
新实用

阅读图文之美 / 优享健康生活

野菜轻图鉴

付彦荣　主编
含章新实用编辑部　编著

江苏凤凰科学技术出版社·南京

图书在版编目（CIP）数据

野菜轻图鉴 / 付彦荣主编；含章新实用编辑部编著
. — 南京：江苏凤凰科学技术出版社，2023.6
ISBN 978-7-5713-3398-0

Ⅰ . ①野… Ⅱ . ①付… ②含… Ⅲ . ①野生植物—蔬
菜—中国—图谱 Ⅳ . ① S674-64

中国国家版本馆 CIP 数据核字（2023）第 019466 号

野菜轻图鉴

主　　　　编	付彦荣	
编　　　著	含章新实用编辑部	
责 任 编 辑	洪　勇	
责 任 校 对	仲　敏	
责 任 监 制	方　晨	

出 版 发 行	江苏凤凰科学技术出版社
出版社地址	南京市湖南路 1 号 A 楼，邮编：210009
出版社网址	http://www.pspress.cn
印　　　刷	天津丰富彩艺印刷有限公司

开　　　本	718 mm×1 000 mm　1/16
印　　　张	13.5
插　　　页	1
字　　　数	345 000
版　　　次	2023 年 6 月第 1 版
印　　　次	2023 年 6 月第 1 次印刷

标 准 书 号	ISBN 978-7-5713-3398-0
定　　　价	52.00 元

图书如有印装质量问题，可随时向我社印务部调换。

野菜，是非人工种植的可食用植物。它们不依赖人工种植或扦插，既不需要农药和化肥，也不需要大棚的庇护。它们自然生长在山野丛林间，呼吸新鲜空气，吸收天地雨露，汲取自然精华，仅凭风力、动物等传播方式，种子就能自然生长。

早在2500多年前的《诗经》中就有描述人们采摘野菜的诗句。在灾荒之年和革命战争时期，野菜更可为人们解决果腹之需。即使在人工栽培的蔬菜供应充足时期，在广大的农村、山区，特别是草原、边远地区，野菜仍然是人们的重要佐餐食物。

近年来，野菜越来越受人们的重视，主要是由于野菜具有营养价值高、可强身保健、绿色健康、风味独特、采集方式新奇等特点。

第一，营养价值高。野菜的营养丰富，富含人体所需的多种矿物质、维生素、蛋白质、氨基酸、碳水化合物及膳食纤维等营养成分，维生素和矿物质的含量尤其丰富，较一般蔬菜高出许多。

第二，有保健作用。野菜本身就是"良药"，如荠菜可开胃、补脾、利肝、消水肿；枸杞叶可滋补肝肾、明目、清肺热、降血糖；蒲公英有清热解毒、利水散结、消痈肿的功效。

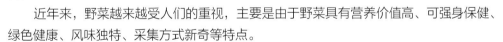

第三，无污染、无公害、无残毒。野菜生长在大自然中，生命力顽强，没有化肥、农药、污染物等有害物质，是纯天然的绿色食品，更是高质量的无公害蔬菜。

第四，时令性强，风味独特。野菜的吃法多样，可凉拌、炒食、鲜食、烧汤、拌面蒸食，也可做成馅料，还可加工成袋装即食菜品，制成干菜或腌制，长期保存。

第五，采集方式新奇。采集野菜是一种健康的生活方式，许多居住在城市的人选择在周末或假期郊游，他们走入乡野村间，呼吸新鲜空气，并随手采摘野菜，有益于身心健康。

当然，食用野菜也需要注意一些问题，如果食用不当，可能会适得其反。因此，食用野菜、采摘野菜需要注意方式，具体需要注意的有以下几点。

第一，不可多食。野菜在自然界中生长，容易吸收环境中的汞、铅等重金属，若多食容易引起重金属中毒，对健康不利。同时，部分野菜性寒，食用过多可能导致脾胃虚寒；有些过敏体质的人还可能因食用野菜产生过敏反应。

第二，避免误食。相信我们都看到过误食毒蘑菇导致出现幻觉的新闻报道。所以，不认识的野菜不要轻易食用，特别是不认识的菌类，如果误食，容易发生中毒现象，轻者呕吐、腹痛、腹泻等，重者可能会危及生命。

第三，远离污染。人类对自然的开疆扩土直接影响了野菜的生长，因此在采摘野菜时，注意不要采摘易受污染的野菜，如在工厂厂房、臭水沟、马路边及市内草坪等环境中生长的野菜。

第四，因人而异。有些野菜本身是药用植物，具有一定药性。因此首先要考虑自身的身体状态是否合适，其次才是口味爱好。如一些苦味野菜，性凉味苦，有清热凉血的功效，不适合阳虚畏寒的人食用。

鉴于此，为了让越来越多的人认识到野菜的价值，也为了让野菜爱好者更好地认识野菜、食用野菜，我们编写了本书。

本书主要选取了日常生活中较为常见的野菜，按照类目分为草本类、藤本类、木本类及菌类，以方便读者识用。同时，本书为每种野菜配备了高清彩图，采用图鉴的方式展现野菜的各部位特征，方便读者辨认。本书兼具实用性和知识性，不仅能指导读者采摘和食用野菜，还能为读者科普野菜知识。

目 录
Contents

第一章 野菜，我们身边的瑰宝

第二章 走进草本类野菜

第三章 走进藤本类野菜

第四章 走进木本类野菜

第五章 走进菌类野菜

野菜,我们身边的瑰宝

野菜,顾名思义,是指可以作为蔬菜或用来充饥的野生植物。我国分布广泛、蕴藏量大,从东北、西北、华北到西南云贵高原、长江中下游直至华南地区均有分布。野菜具有风味独特、天然无污染、安全无农药残留、营养价值高、药食同源等特点,它们不仅孕育了栽培蔬菜,还具有较高的营养价值、药用价值和保健功效等,如今被人们视为身边的瑰宝。

植物的分类系谱

野菜是植物世界的一员，要想了解和辨识野菜，就要先了解植物的分类和结构。植物的分类系谱图如下。

门 (phylum)

整个植物界通常被分为16门。有裸藻门、绿藻门、轮藻门、金藻门、甲藻门、褐藻门、红藻门、蓝藻门、细菌门、黏菌门、真菌门等。

纲 (class)

纲隶属于门。分为单子叶植物纲、双子叶植物纲。

目 (order)

目隶属于纲。有泽泻目、水鳖目、槟榔目、天南星目、鸭跖草目、莎草目、姜目、百合目、蔷薇目、石竹目、无患子目、毛茛目、玄参目、鼠李目、胡椒目、樟目等。

科 (family)

科隶属于目。一个科包含一个或几个相近的属。有香蒲科、眼子菜科、茨藻科、冰沼草科、泽泻科、禾本科、雨久花科、薯蓣科、芭蕉科、姜科、兰科、景天科、豆科等。

属 (genus)

一个属包含一个或者几个相近的种。有蔷薇属、向日葵属、蓝雪属、栀子属、杜鹃花属、野豌豆属、万寿菊属、曼陀罗属、酢浆草属、兔耳草属、见血封喉属、茶属等。

种 (species)

每个单位的个体就是一个种，具有相似的形态特征。

亚种 (subspecies)

亚种是某个种的表型上相似种群的集群，在分类上与本种中其他亚种有可供区别的形态和生物学特征。

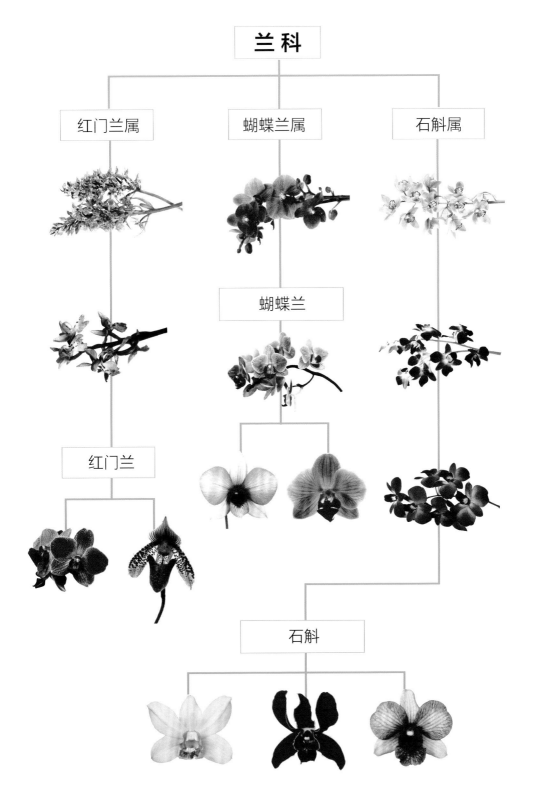

植物的结构

一棵完整的植物由以下部分构成。

打碗花叶

叶

叶是维管植物制造营养物质的重要器官之一，因含叶绿素而呈绿色，但也有少数植物的叶呈其他颜色。叶通常由叶片、叶柄和托叶组成，每个部分还可以再细分为更小的部分。它们都具有自己的特有功能，各司其职，维持植物的正常生长发育。

柳茎

茎

茎是维管植物的重要组成器官，多呈圆柱形，也有少数呈其他形状，如某些多肉植物呈扁圆形或多角柱形。它具有支撑、贮藏、输导、光合作用及繁殖等功能，其主要功能是为植物各部分输送营养物质和水分，犹如人类的血管。此外，它还可以为植物的地上部分提供支撑力，某些植物的茎还可以进行光合作用并繁殖后代。

茎通常有分枝，可以增加植物的覆盖面积，使植物能够更好地进行光合作用，也有利于植物繁殖后代。

薯蓣

根

根一般指植物的地下部分，也是植物的营养器官之一。它的主要功能是贮藏营养物质，将土壤中的水分及有机物质，一部分通过茎输送到植物的各部分，一部分则贮藏起来。根是植物最早发育的部分，种子萌发后，突破种皮发育成幼根，然后向下垂直生长成主根，主根还会生长出许多支根，称为侧根；此外，还有可能生长出许多不定根。根部经过多次生长，最后形成整个根系。

花

　　花具有繁殖功能，它一般通过媒介传播花粉，可分为生物媒介和非生物媒介。花是植物的重要特征之一，植株可根据花朵数，分为单生和簇生；也可根据雌蕊、雄蕊是否在同一植株上，分为雌雄同株和雌雄异株。雌雄同株指一株植物的花有雌蕊、也有雄蕊。而这又分两种情况：其一，雌蕊与雄蕊分在两种（朵）花上，这种叫单性花，如玉米；其二，雌蕊与雄蕊分在一朵花上，这叫两性花，如桃花。雌雄异株指在具有单性花的种子植物中，雌花与雄花分别生长在不同的株体上。

打碗花

种子

大车前种子

　　裸子植物和被子植物特有的繁殖体，由胚珠经传粉受精而成。它通常由种皮、胚和胚乳组成。不同植物的种子之间相差极大，不仅大小、形状、颜色及亮度不同，而且有些植物的种子上面还长出了毛、翅、芒和刺等。

萝藦的果

酸浆的果

果实

　　果实指被子植物在传粉受精后，由雌蕊或在花托、花萼等部分参与下形成的器官，由果皮和种子构成，包含一个或多个种子。可分为三类，即单果、聚合果和聚花果。单果是由一朵花中的一个子房或一个心皮所形成的单个果实，如毛桃、欧李等；聚合果是由一朵花中的数个离生雌蕊聚集生于花托，并与花托共同发育的果实，如蛇莓、番荔枝等；聚花果又叫复果，是由一整个花序形成的复合果实，如无花果、凤梨等。

毛桃

植物的叶子类型

　　叶序、叶片大小和形状等都是鉴别植物的关键特征，当一种植物的花的特征不明显时，叶的特征就会显得尤为重要。植物叶子的形状大致有三角形、倒卵形、匙形、琵琶形、倒披针形、长椭圆形、心形、倒心形、线形、镰形、卵形、披针形、倒向羽裂形、戟形、肾形、圆形、箭头形、椭圆形、卵圆形、针形等。

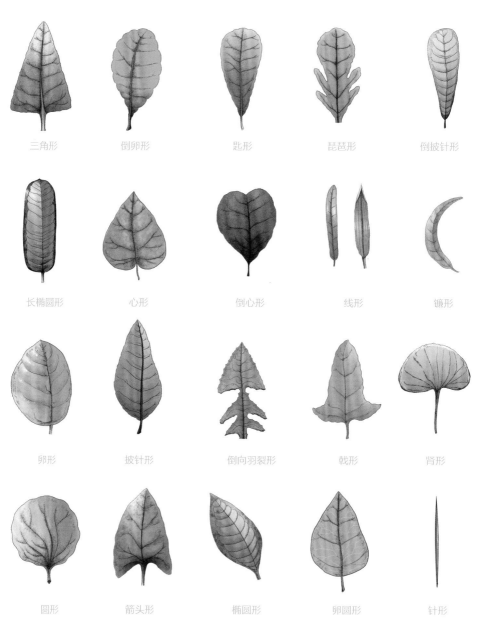

三角形	倒卵形	匙形	琵琶形	倒披针形
长椭圆形	心形	倒心形	线形	镰形
卵形	披针形	倒向羽裂形	戟形	肾形
圆形	箭头形	椭圆形	卵圆形	针形

单叶

每个叶柄上只长有一个叶片。叶片是叶的主体部分，通常为一个很薄的扁平体。

托叶是叶柄基部、两侧或腋部所着生的细小绿色或膜质片状物。

叶柄是叶片与茎的连接部分，其上端与叶片相连，下端着生在茎上，通常叶柄位于叶片的基部。

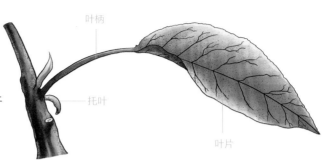

复叶

由两枚至多枚分离的小叶，共同着生在一个叶柄上组成，包括很多种类。

三回羽状复叶　　二回羽状复叶　　掌状复叶　　单身复叶

掌状三出复叶　　羽状三出复叶　　奇数羽状复叶　　偶数羽状复叶

叶序

叶在茎枝上排列的次序称为叶序，它的类型包括轮生、基生、对生、簇生、互生。

轮生　　基生　　对生　　簇生　　互生

叶缘

叶片的边缘。常见的类型有以下几种。

全缘

周边平滑或近于平滑的叶子，如女贞、樟、紫荆、海桐、玉兰等植物的叶。

细锯齿缘

周边锯齿状，齿尖两边不等，通常向一侧倾斜，有齿尖细锐的叶缘，如茜草、墨头菜等的叶。

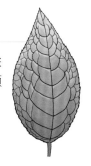

齿缘

周边齿状，有齿尖两边相等而较粗大的叶缘，如红罂粟、苦菜等的叶。

重锯齿缘

周边锯齿状，齿尖两边不等，通常向一侧倾斜，有齿尖两边亦呈锯齿状的叶缘，如刺儿菜等的叶。

圆锯齿缘

周边有向外突出的圆弧形缺刻，两弧线相连处形成一内凹尖角，如紫背草等的叶。

羽状深裂

叶片具羽状脉，裂片深度超过叶片的1/4，但叶片并不因为缺刻而间断，如抱茎苦荬菜、昭和草等的叶。

羽状浅裂

叶片具羽状脉，裂片在中脉两侧像羽毛状分裂，裂片的深度不超过叶片的1/4，如辽东栎等的叶。

浅波状齿缘

叶片周边稍显凹凸而呈波纹状，如弯花筋骨草、肉穗草、金丝木通等的叶。

睫状缘

周边齿状，有齿尖两边相等而极细锐的叶缘，如石竹等的叶。

羽状全裂

叶片具羽状脉，裂片深达中央，造成叶片间断，裂片之间彼此分开，如鱼尾葵、鬼针草等的叶。

植物的花

花的构造

花朵是被子植物的繁殖器官，可以为植物繁殖后代。它的各部分轮生于花托之上，四个主要部分从外到内，依次是花萼、花冠、雄蕊群、雌蕊群。

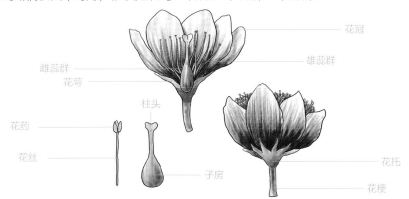

花萼：位于最外层的一轮萼片，呈花瓣状，通常为绿色。

花冠：位于花萼的内轮，由花瓣组成，较为薄软，常有颜色以吸引昆虫帮助授粉。

雄蕊群：花内雄蕊的总称。花药着生于花丝顶部，是形成花粉的地方。花粉中含有雄配子。

雌蕊群：花内雌蕊的总称，可由一个或多个雌蕊组成。组成雌蕊的繁殖器官称为心皮，包含子房，而子房室内有胚珠（内含雌配子）。

花的形状

花的形状千姿百态，一般按它的对称情况可分为两类：一类是辐射对称花或整齐花，这种类型的花，不管从任何角度，都能沿着中央轴线，将其分为相等的两半，如月季、桃花等；另一类是左右对称或不整齐花，这种类型的花，只能从一个角度沿中央轴线，将其分为相等的两半，如金鱼草、兰花等。其中，常见的花形如图所示。

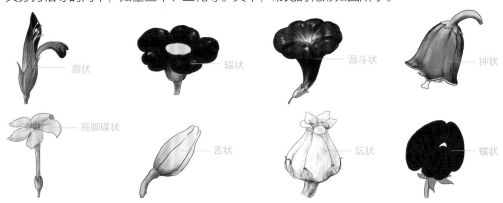

9

花序

　　花序是花梗上的一群或一丛花，依固定的方式排列，是植物的固定特征之一，是有规律的排列方式。按照开花顺序，可以分为无限花序和有限花序。常见的花序类型有以下8种。

1. 总状花序

　　花轴单一，较长，自下而上依次着生有柄的小花，各花的花柄长短大致相等，由下而上地开花，如荠菜、油菜的花序。

2. 穗状花序

　　轴较长，直立，其上着生许多无柄两性小花。禾本科、莎草科、苋科和蓼科中，许多植物都具有穗状花序。

3. 柔荑花序

　　花轴较软，下垂，其上着生多数无柄或短柄的单性花（雄花或雌花），花无花被或有花被，花序柔韧，下垂或直立，开花后整个花序常一起脱落，如桑、杨等的花序。

4. 伞房花序

　　也称平顶总状花序，是变形的总状花序，不同于总状花序之处在于花序上各花花柄的长短不一。花位于一近似平面上，如麻叶绣线菊、山楂等的花序。

5. 头状花序

　　花轴极度缩短而膨大，呈扁形，铺展，各苞片叶常聚集成总苞，花无梗，多数花集生于一花托上，形成状如头的花序，如菊花、蒲公英、向日葵等的花序。

6. 圆锥花序

　　花轴有分枝，每一小枝自成一总状花序，整个花序由许多小的总状花序组成，故又称复总状花序，如丁香、稻、南天竹等的花序。

7. 伞形花序

　　花轴缩短，大多数花着生在花轴的顶端。每朵花有近于等长的花柄，从一个花序梗顶部伸出多个花梗近等长的花，整个花序形如伞，故称，如报春花、点地梅等的花序。

8. 二歧聚伞花序

　　主轴上端节上具二侧轴，所分出侧轴又继续同时向两侧分出二侧轴的花序，如扶芳藤、卫矛等卫矛科植物的花序，以及石竹、卷耳、繁缕等石竹科植物的花序。

植物的果实

果实由花的雌蕊发育而来，多数植物的种子包裹在果实里面。但也有一些果实的果皮革质或木质，它们相对干燥。裂果成熟的时候会自行裂开，释放出种子，而闭果则不开裂。野菜的果实，一般有以下几种类型。

坚果

闭果的一个分类，果皮坚硬，木质化，内含一粒种子，与果皮分离，如板栗等。许多树都会形成坚果，也有一些植物会形成小型坚果。

瘦果

果皮坚硬，革质或木质，不开裂，其内有一粒种子，由1~3心皮构成的小型闭果。如白头翁1心皮，向日葵2心皮。许多瘦果都有延伸物，这更有利于种子的传播。

蒴果

由合生心皮的复雌蕊发育成的果实，内含许多种子，成熟后裂开。蒴果以多种裂开方式释放种子，常见的为纵裂。蒴果是被子植物常见的果实类型，如罂粟科中许多植物的果实。

荚果

由单心皮发育而成的果实，成熟后，果实沿背缝（心皮中肋）和腹缝线（心皮边缘）开裂成两片果皮，将一粒或多粒种子散布于外。荚果是豆科植物特有的一种果实，如大豆、豌豆、蚕豆等。也有些成熟时不开裂，如落花生等。

蓇葖果

由离心皮的单蕊发育而成的果实，果形多样，皮较厚，单室，内含一粒或多粒种子，成熟时果实仅沿一个缝线裂开，如八角茴香等。木兰科植物具有典型的蓇葖果，毛茛科植物也会形成蓇葖果。

核果

由单心皮雌蕊、上位子房形成的果实，亦有由合生心皮雌蕊或下位子房形成的。一般内果皮木质化形成核，如毛桃、欧李、野杏、橄榄等。核果的特征与浆果相似，但是核果的果皮比较硬。

聚合果

也称花序果、复果，由一朵花中多数离生雌蕊发育而成的果实，每一个雌蕊都形成一个独立的小果，集生在膨大的花托上，如凤梨、无花果、桑葚等。

浆果

单心皮或多心皮合生雌蕊，上位或下位子房发育形成的果实，外果皮薄，中果皮和内果皮肉质多汁，内有一粒至多粒种子。如香蕉、番茄、蔓越莓等。鲜美的果肉吸引动物来采食，有助于种子的传播。很多植物都可以形成浆果。

植物的种子

野菜的种子由种皮、胚和胚乳三个部分组成。种皮是种子的"铠甲"，起到保护种子的作用。胚是种子最重要的部分，可以发育成植物的根、茎和叶。胚乳是种子集中养料的地方，不同植物的胚乳所含养分不相同。

蓖麻种子

有胚乳种子

由种皮、胚和胚乳组成。双子叶植物中的蓖麻、番茄等植物的种子和单子叶植物中的小麦、水稻、玉米和洋葱等植物的种子，都属于这个类型。

无胚乳种子

由种皮和胚组成，缺乏胚乳。双子叶植物中的大豆、花生、蚕豆、油菜等，以及瓜类的种子和单子叶植物中的慈姑、泽泻等的种子，都属于这一类型。

蚕豆

野大豆

野菜的营养价值

在我国，野菜产量大、分布范围广，很适合被端上餐桌。它的营养价值很高，含有水分、蛋白质、膳食纤维、碳水化合物、钙、磷、铁、胡萝卜素及多种维生素等。有些营养素的含量甚至比某些粮食作物要高，如紫苜蓿的某些氨基酸含量高于稻米、小麦。现在已经有越来越多的人喜欢食用野菜。

野菜营养丰富，不仅可以满足人体的某种营养需求，还可以促进其他营养素的消化吸收。

如有些野菜虽然蛋白质含量较少，氨基酸含量却很丰富，如果与主食搭配食用，可以促进蛋白质的吸收。此外，多数野菜含有丰富的维生素，尤其是维生素C，如每100克酢浆草中，就含有127毫克维生素C，远远超过一般的栽培蔬菜。

野菜中的矿物质含量丰富，含有钙、磷、镁、钾、钠、铁、锌、铜、锰等多种元素。

食用野菜，不会因过量摄入某种元素而影响新陈代谢，因为野菜所含矿物质的比例与人体所需要矿物质的比例比较符合，从而可以促进人体的健康生长，尤其在缺乏人工栽培蔬菜的地方，则更需要重视野菜。

野菜还含有优质的植物纤维，是膳食纤维的来源之一。它能刺激胃肠蠕动，促进消化液分泌，虽然不能被消化吸收，但有利于人体的新陈代谢，对维持人体机能的正常运转起到不可替代的作用。

野菜不仅味道鲜美，而且具有很高的药用价值，可以起到防病治病的作用。

如荠菜具有清热利水、清肝明目等作用，可用来缓解痢疾、水肿等；蒲公英具有清热解毒等作用，可用来治疗感冒发热、咽喉肿痛等；马齿苋是一种重要的中药材，它的地上部分可在洗净、晒干后入药，具有清热利湿、解毒消肿等作用，可用来治疗毒疮、便血等；苦菜也具有清热解毒的作用，对缓解肠炎、痢疾有明显的效果；灰菜可入药，具有清热利湿的作用，可以治疗痢疾、腹泻等；野苋菜也可作中药，整株植物皆可入药，具有清热解毒的作用，可用来治疗痢疾、肠炎等；蕨菜具有清热解毒等作用，可用来治疗痢疾、腹泻、小便不利等。

此外，野菜因含有多种抗氧化成分而具有美容养颜的作用，不仅可以通过食用达到补肾养身、调理身体的目的；而且它的提取物可以用来制作化妆品，具有滋润肌肤、防止皮肤干燥的作用。

锦葵

野菜的采摘

野菜的采摘季节

俗话说："当季是菜，过季是草。"野菜的采摘具有很强的季节性，野菜成熟时间的确定和采收操作是否恰当，将会直接影响野菜的产量、质量。一般可根据野菜的品种、特性、生长情况及当地气候条件等，确定野菜的采摘季节。在长期的劳动实践中，人们总结了一些常见野菜的采摘时间，如北方常见的榆钱一般在4月上旬采摘；楤木主要食用嫩芽，因此，应在其叶片展开前采摘；刺槐花则通常在花开前采收。如果采收时间不对，既影响野菜的味道，又影响其产量。

采摘野菜的注意事项

1. 要采摘无污染的野菜。一般化工厂旁、喷洒过农药的田地里，以及马路边等易污染的地方生长的野菜不适宜采摘。

2. 应从野菜的根部剪下或掐下，然后在地上擦一下野菜底部的缺口，既可以防止水分流失，又可以防止发生化学反应。

3. 采摘后的野菜不能长时间拿在手中，应放在垫有青草的筐中，且不能按压，否则会造成野菜枯萎或发生变形，从而影响其营养成分的保存。

4. 野菜应分类存放，或捆扎，或用纸卷。采摘后的野菜为防止因老化变质而影响养分保存，应及时加工。一般洗净后，先用沸水焯一下，然后放入加有盐水的塑料袋中，排气扎紧后，放入冰箱冷藏即可。

野菜采摘技巧

地下根茎类野菜需要用锹、锄、犁等挖掘工具将其可食用部分挖出，注意为了避免伤害根部，一定要深挖，如莲、板蓝根、山葵、野胡萝卜、甘露子、地黄、桔梗等。不同的野菜有不同的采摘方法，多数野菜则需要用手触摸，以确定老、嫩。全草食用型野菜，一般从基部向上，在易折处折断，如鬼针草、碎米荠、诸葛菜等。嫩茎叶类野菜，因其品种不同，采摘方法也略有不同，如歪头菜常从茎的弯曲处折断，而楤木则从嫩芽基部折断。嫩叶类野菜一般从叶柄处折断，如木防己等。嫩叶柄类野菜通常从下往上，在易折处折断，同时为了避免汁液流失而杜绝其接触土壤，如蕨菜等。花类野菜需在花朵含苞未放时采收，如月季、黄花菜、槐花等。采收野菜后，为了防止其枯萎，还应将其放入塑料袋保存。有些野菜进化出了螫毛或针刺，为了避免被刺伤，采摘时应戴上手套等防护工具。

如何识别野菜

识别野菜对于能否正确采摘野菜至关重要，可根据植物学的相关知识及在山区生活的实践经验，掌握野菜的一些共同特点，避免误采、误食，从而导致中毒。一般通过看、摸、嗅、尝等方法辨别野菜。

看——仔细观察植物的特征，掌握其明显特点。摸——用手触摸植物的茎叶，观察它的特征及变化。嗅——有些野菜气味独特，可通过嗅闻来辨认。尝——野菜的味道、口感等各不相同，可通过品尝来辨认。

豆瓣菜

食用野菜的 8 个注意事项

不认识的野菜不要吃

在采摘、食用野菜前，要确定它是否有毒，如果不认识或不能确定是否有毒，最好不要食用，尤其是菌类。如果误食，轻者会出现呕吐、腹泻等症状，重者还可能会危及生命安全。

久放的野菜不能吃

存放时间较长的野菜不宜食用，因为这样的野菜不仅不新鲜、味道差、口感差，而且营养价值降低，野菜中的有毒成分甚至会增加。

受污染的野菜不要吃

在厂矿旁、污水边、公路边、垃圾堆附近等地生长的野菜均不宜食用，因为它可能会含有有毒重金属和有毒化学物质。

红花酢浆草

野菜不可多吃

野菜的确是天然食物，营养丰富且别有风味，但也不可贪食。因多数野菜性寒凉，过量进食，易造成脾胃虚寒等病症。此外，还有一些野菜具有轻微毒性，如果多食，会危害身体健康。

薄荷

脾胃虚寒者慎食

多数野菜性寒凉，具有清热解毒的功效，因此，脾胃虚寒的人应慎食，否则易损伤脾胃。

过敏体质者不宜食用

野菜不是我们平时经常食用的蔬菜，因此，过敏体质者应慎食。第一次食用野菜时，应先少量试吃，如果食后出现皮肤瘙痒、皮疹、浮肿等过敏现象或轻微中毒现象，应立即停止食用；同时为了避免损害人体的肝、肾功能，还应马上到医院治疗。

野菜不能代替常见蔬菜

现在人们生活水平日益提高，厌倦了家常菜，偶尔会吃些野菜，尝个新鲜，但野菜不能代替常见蔬菜。因为常见蔬菜大多数都是野菜经过长期的人工栽培而来的，更适合人类的体质，且营养成分也有科学保障，口味较好。

选择野菜要因人而异

人们要根据自己的身体状况选择合适的野菜食用，因为有些野菜本身就是一种中药材，如果食用不当，可能会产生副作用。

龙牙楤木

野菜的食用方法

　　野菜的食用方法有很多，但只有采用合适的方法，才能保证野菜的鲜美口感。下面就介绍几种常见的野菜食用方法。

凉拌

　　多数野菜口感苦涩，甚至有异味，因此，需要先焯水、浸泡，去除苦涩感和异味后，再根据个人口味放入盐、白糖、醋等调味品凉拌食用。凉拌不仅可以保持野菜的清脆口感，还可以最大限度地保留野菜中的营养物质。

作馅

　　野菜可用来作饺子、包子、馅饼等食物的馅料，把野菜切碎后，加入各种配料和调料即可。还可以蒸食，即把野菜和干面粉拌匀，加入调料后直接放锅上蒸熟，如荠菜馒头、槐花饺子等。

煲汤

　　野菜可用来煲汤，增加汤品的鲜美口感。先在炒锅中倒入少许食用油，烧热后放入葱、蒜，炒出香味后，再加入适量水（也可放入少量虾皮增味）。煮沸后，倒入野菜，再煮2~3分钟后即可出锅。此外，还可作其他汤品的配料，如野菜肉片汤、野菜豆腐汤等，野菜只需在主料煮好前2~3分钟加入即可。

炒食

　　野菜可炒食，但为了防止野菜中的维生素遭到破坏，一定要急火快炒。野菜如果与其他配料一起炒，则可采取"双炒法"，即先炒配料，起锅后再炒野菜，最后把配料回锅炒匀即可，这样不仅可以较大限度地保留野菜的营养成分，还可以使菜品色、香、味俱全。

制干菜

　　由于蕨菜、海带、黄花菜、马齿苋等野菜的采摘时间较短，为了便于保存，可制成干菜，只需清洗、焯水、浸泡、晒干即可。

第 二 章

走进草本类野菜

草本类野菜是指茎内的木质部不发达、含木质化细胞少、支持力弱的可食用植物。草本类野菜体形一般都很矮小，寿命较短，茎秆软弱。根据完成生命周期的年限长短，可分为一年生、二年生和多年生三类，如荠菜、芝麻菜、薄菜、豆瓣菜、鸡毛菜等。

荠菜

一年生或二年生草本，株高30~50厘米，直立生长。茎不分枝，或在中下部稍分枝。叶片基生，为羽状分裂，丛生，呈莲座状，顶部裂片呈卵形至长圆形，侧裂片则呈长圆形至卵形，叶缘有不规则粗锯齿或近全缘。顶生或腋生总状花序，白色花瓣，倒卵形。

地上茎叶多匍匐于地面，呈莲座状

地下根系发达

生活习性：

温度　荠菜属耐寒蔬菜，喜冷凉、湿润的气候，种子发芽适温为20~25℃，生长适温为12~20℃。气温低于10℃或高于22℃时，则生长缓慢，品质差。

光照　荠菜生长需较充足的光照；阴雨天气，光合作用少，长势差，植株细弱，易发生病害。

水分　适当灌溉，以保持一定湿润度，勿使土壤干旱。

土壤　荠菜对土壤要求不严，但是肥沃、疏松的土壤能使其生长旺盛，叶片肥嫩，品质好。

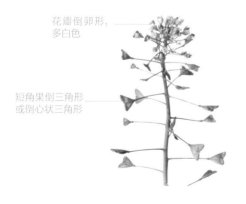

花瓣倒卵形，多白色

短角果倒三角形或倒心状三角形

分布：中国各地。

品种鉴别：

①板叶荠菜：又叫大叶荠菜，植株塌地生长，开展为18厘米左右。叶片浅绿色，大而厚，叶长10厘米，宽2.5厘米，有20片叶左右。

②散叶荠菜：又叫百脚荠菜，叶片绿色，羽状全裂，叶缘缺刻深，长约10厘米，叶窄，较短小，有20片叶左右。

食用方法：

①嫩茎叶反复洗净，裹蛋糊油炸，极具风味。

②选取鲜嫩的茎叶，沸水烫熟后，用香油、酱油、醋、辣椒油、芥末、姜汁等调料，制成凉拌菜。

饮食宜忌：脾胃虚弱者忌食。便溏者慎食。

功效主治：嫩苗入药，具有健脾利水、止血明目的功效，常用于缓解产后出血、痢疾、水肿、肠炎、胃溃疡、感冒发热、目赤肿痛等症。

別名：地米菜、菱闸菜、净肠草 | 性味：性凉，味甘、淡 | 繁殖方式：播种 | 食用部位：嫩茎叶

芝麻菜

侧裂片仅下面脉上疏生柔毛

基生叶及下部叶羽状分裂或不裂

一年生草本，株高20~90厘米，直立生长。茎的分枝常集中在上半部。叶片基生，一般为羽状分裂，也有少数不分裂，顶部裂片呈近圆形或短卵形，叶缘有细齿，侧裂片则呈卵形或三角状卵形。总状花序，有多数疏生花。长角果呈圆柱形。

生活习性：

温度 芝麻菜对环境要求不高，茎叶适合的生长温度为18~22℃。

光照 适合生长在中等光照条件下。

水分 在土壤含水量适宜的情况下，茎叶生长较好。

土壤 具有很强的抗旱和耐瘠薄能力，选择土质疏松、土壤肥沃的地区，能更好地生长。

分布：河北、黑龙江、辽宁、四川、云南等地。

食用方法：

①选取鲜嫩的茎叶，沸水烫熟后，用香油、酱油、醋、辣椒油、芥末、姜汁等调料，制成凉拌菜。

②种子可以用来榨油。

饮食宜忌：一般人群皆可食用，尤适宜胃溃疡、肠炎、腹泻、呕吐或目赤肿痛患者。肺虚咳嗽或脾肾阳虚型水肿者忌食。

功效主治：嫩苗入药，具有清热止血、清肝明目的功效。

别名：火箭生菜、紫花南芥 | 性味：性寒，味辛、苦 | 繁殖方式：播种 | 食用部位：嫩茎叶、种子

葶菜

花小，黄色

茎直立或倾斜，单一或分枝

叶缘为稀疏齿状

一年生或二年生直立草本，株高20~40厘米，直立或倾斜生长，可分枝，也可不分枝。叶片互生，呈宽披针形或匙形，叶缘为稀疏齿状。顶生或侧生总状花序，开黄色小花，花瓣4枚，呈匙形，长有细花梗，簇生。

生活习性：喜湿润环境，生长期以见干见湿为宜，通常生长在路旁或田野。

分布：中国各地。

食用方法：

①采摘嫩茎叶后洗净，入沸水焯烫后捞出，加入盐、酱油，炒熟即可。

②采摘嫩茎叶后洗净，入沸水焯烫后放入破壁机，按1：1加水榨汁饮用。

饮食宜忌：有外感时邪及内有宿热者忌食。葶菜不能和黄荆叶同用，否则易引起肢体麻木。

功效主治：嫩茎叶入药，其中含有葶菜素，具有止咳平喘、清热解毒的作用，还能抑制绿脓杆菌和大肠杆菌，可缓解肺痈、感冒等症。

别名：辣米菜、野油菜、干油菜、石豇豆 | 性味：性平，味辛、甘 | 繁殖方式：播种 | 食用部位：嫩茎叶

豆瓣菜

多年生水生草本，株高20~40厘米，分枝较多。茎上有时会生不定根。叶片呈宽卵形、长圆形或近圆形，为单数羽状复叶。顶生总状花序，开白色花，花瓣呈倒卵形或宽卵形。

单数羽状复叶，叶片宽卵形、长圆形或近圆形

花多数，呈白色

生活习性：

温度　豆瓣菜喜冷凉湿润环境，生长适温为15~25℃，最适宜温度为20℃左右，10℃以下生长缓慢，能忍受短时间内的多次霜冻。

光照　生长期要求良好的光照，光照不足时茎叶生长纤弱，产量低。

水分　喜欢充足水分，但不可长期水涝。

土壤　喜保水力、肥力强的中性壤土，适宜pH值为6.5~7.5。

分布：黑龙江、河北、山西、山东、河南、安徽、江苏等地都有栽培。

品种鉴别：

①广东小叶豆瓣菜：小叶型，株高30~40厘米，茎粗0.9厘米左右，两边小叶2~3对，顶端小叶卵圆形，长2.6厘米，宽

茎多分枝，中空，无毛

2.2厘米，褐色，每年4月下旬开花，但不结实。

②英国大叶豆瓣菜：大叶型，株高40~50厘米，茎粗0.79厘米左右，两边小叶1~3对，顶端小叶圆形或近圆形，长3.2厘米，宽3.4厘米，叶片绿色，耐寒性较强，在低温条件和冬季仍不变色。

③江西大叶豆瓣菜：大叶型，株高40厘米左右，茎粗0.75厘米左右，两边小叶1~3对，顶端小叶长卵形，长3厘米，宽1.6厘米，叶片绿色，叶脉红色，在冬季和低温条件下仍不变色，春季开花结籽。

食用方法：

①嫩叶去杂质，洗净，入沸水焯烫，捞出后放入煮熟的排骨汤锅继续炖煮10分钟，加盐出锅即可。

②嫩叶洗净切段，入沸水煮至软烂，加入咸蛋煮5分钟，出锅即可。

饮食宜忌：脾胃虚寒、肺肾虚寒、大便溏泄者及孕妇均不宜食用。

功效主治：嫩叶入药，具有清心润肺、调理经血的作用，可改善女性痛经、月经量少等问题。

别名：水芥、水芥菜、西洋菜 | 性味：性寒，味甘、微苦 | 繁殖方式：播种 | 食用部位：嫩叶

水田碎米荠

花瓣白色

茎直立，不分枝

多年生草本，株高30~70厘米，直立生长，丛生，但没有分枝。须根较多。根状茎较短，茎上有沟棱。单叶对生，叶片呈心形或圆肾形，叶端圆钝或微凹，叶基心形，叶缘有波状圆齿。顶生总状花序，花瓣白色，呈倒卵形。

生活习性：喜生长在水田边、溪边或浅水处。

分布：内蒙古、河北、江苏、安徽、浙江、江西、河南、湖北、湖南、广西等地。

食用方法：

①嫩茎叶洗净后用沸水烫一下，再用清水浸洗，切成小段；加入蒜泥、盐、白糖、香油、醋和生抽。炒锅中炒香花椒、干辣椒，捞出，把剩余干净的热油浇在嫩茎叶上，拌匀即可。

②嫩茎叶洗净后用沸水烫一下；将一个鸡蛋调散，加面粉、水，调成面糊，加入切碎的水田碎米荠。平底锅里放少许油，锅热后加3勺面糊。反复翻面至水分完全蒸发，就可以出锅。

饮食宜忌：一般人群皆可食用，尤适宜月经不调、痢疾或目赤的患者。

功效主治：嫩苗入药，常用来缓解肾炎性水肿、痢疾、吐血、崩漏、月经不调、目赤等症。

别名：水田荠、水芥菜 | 性味：性平，味甘、微辛 | 繁殖方式：播种 | 食用部位：嫩苗

诸葛菜

花瓣 4 枚，花为蓝紫色

一年生或二年生草本，株高10~50厘米。顶生总状花序，开蓝紫色花，花瓣有4枚，上有细脉纹，雄蕊6枚，花萼则呈细长筒状。果实为长角果。

生活习性：

温度 耐寒，不耐热，一般在15~25℃生长最好。

光照 喜光植物，但不耐强光，所以日照时间不要太久，且在夏季高温天气时要做好遮阴措施。

水分 对水分要求不高，一般只要保证土壤湿润即可。具体浇水量根据土壤干湿度来确定。

土壤 对土壤要求不高，在疏松、肥沃、土层深厚的地区，其根系发达，生长良好，产量高。

分布：中国东北、华北至华东、华中地区都能生长。

食用方法：

①采摘嫩茎叶后，只需用沸水焯一下，去掉苦味，加入盐、醋凉拌，盛出即可。

②采摘嫩茎叶，用沸水焯熟，用花生油抓拌均匀，然后撒上面粉，继续抓拌。热水上锅，蒸5分钟即可食用。

饮食宜忌：孕妇慎用。

功效主治：嫩茎叶入药，具有宽中下气、软化血管的作用，可缓解感冒发热、高胆固醇血症、尿路感染等症。

别名：二月蓝、紫金草 | 性味：性温，味苦 | 繁殖方式：播种 | 食用部位：嫩茎叶

遏蓝菜

一年生草本，株高15~40厘米，直立生长。茎上有棱，但无毛。叶片基生，呈倒卵状长圆形，叶端圆钝或急尖，叶基抱茎生长，叶缘则有稀疏的齿状物。顶生总状花序，开白色花，花瓣呈矩圆形。扁平短角果呈倒卵形或近圆形，上端则略向内凹。

生活习性：常生于山坡、草地、路旁、田边、水沟边或村落附近。

分布：中国各地。

食用方法：

①将采摘来的嫩茎叶洗净，用沸水焯熟，加盐搅拌或直接蘸酱食用均可。

②春季采集嫩茎叶，沸水焯熟后加辣椒炒熟，密封腌制一天后即可食用。

饮食宜忌：一般人群皆可食用，尤适宜消化不良或慢性阑尾炎患者。

功效主治：幼苗、嫩叶入药，具有清热解毒、利湿消肿、和中开胃、清肝明目的功效，可缓解消化不良、肝硬化腹水、肾炎性水肿、风湿性关节炎、急性结膜炎等病症。

种子倒卵形，细小，

茎直立，无毛

基生叶倒卵状长圆形，边缘具疏齿

别名：菥蓂、败酱草、野榆钱 | 性味：性微寒，味辛 | 繁殖方式：播种 | 食用部位：嫩茎叶

鸡毛菜

小白菜的幼苗，株高30厘米左右，丛生。枝茎呈扁平的椭圆形或长圆形，为青绿色，有光泽，茎基骤狭，但茎末端圆钝。叶色青绿。

生活习性：

温度　喜冷凉，又较耐低温和高温，几乎一年四季都可种植，适宜生长温度为15~28℃。

光照　属于长日照作物，有一定的耐弱光性，但如果长时间生长在光照不足的环境中，会导致其徒长，产量和品质明显下降。

水分　生长旺盛期，水分需求较大，叶片蒸腾耗水多，对土壤中水分的需求量较大。

土壤　喜欢疏松、透气、保水的土壤。

分布：中国各地。

食用方法：嫩茎叶去杂质，洗净，入沸水焯烫，捞出后放入煮熟的排骨汤锅中继续炖煮10分钟，加盐调味，出锅即可。

饮食宜忌：鸡毛菜不宜生吃。脾胃虚寒者、大便溏薄者不宜多食。

功效主治：嫩茎叶入药，可缓解肺热咳嗽、便秘、丹毒、小儿缺钙等症；经常食用，有利于预防心血管疾病，促进肠道蠕动，保持大便通畅。

叶坚挺而亮，椭圆形或长圆形，色泽青绿

叶枝基部骤狭，茎末端钝圆

别名：青菜、小白菜 | 性味：性寒，味咸 | 繁殖方式：播种 | 食用部位：嫩茎叶

山葵

多年生宿根草本。地下根茎呈细长节状，上面能清晰看到叶柄脱落的痕迹；有辛辣口感，并散发特殊的香气。叶片簇生。花茎长自地下根茎。长角果膨大，如圆柱形。

生活习性：

温度　喜阴凉、多湿的气候条件，适宜的生长温度为8~18℃，最适宜温度为15~18℃，一般夏季温度过高，生长会受到抑制。

光照　强光会引起气温和水温的升高，诱发病害。

水分　喜阴湿的环境，对于田间的湿度要求较高，适宜生长在土壤含水量75%的地方。

土壤　适宜在土层深厚、富含有机质的土壤中生长，一般在背光地区种植。

分布：中国西北、西南地区。

食用方法：

①将嫩叶洗净，放入沸水中焯熟，捞出后加入适量盐拌匀，即可食用。

根茎表面粗糙，绿色　　地下根茎呈细长节状

②根茎磨碎后，可以加工成调味品。

饮食宜忌：一般人群皆可食用，尤适宜风湿病、气喘或痛经患者。

功效主治：根状茎磨成粉，会产生特殊芳香的辛辣味，具有强烈的杀菌和助消化功能，还能促进淀粉性食物的消化。

别名：山葵菜、泽山葵 | 性味：性寒，味辛 | 繁殖方式：扦插、分株 | 食用部位：嫩叶、根茎

紫罗兰

二年生或多年生草本，株高可达60厘米，直立生长，分枝较多。叶片呈长圆形至倒披针形或匙形，叶缘呈微波状，叶端圆钝或罕具短尖头，叶基渐窄，有叶柄。顶生或腋生总状花序，开紫红色、淡红色或白色大花，花瓣近卵形，花瓣边缘为波状。

生活习性：喜凉爽、阳光充足且通风良好的环境，耐半阴。

分布：中国南方大城市常有引种，北方栽于庭园花坛或温室中。

品种鉴别：

①单瓣紫罗兰：此种花型可以结出种子继续繁殖。

②重瓣紫罗兰：花瓣大多数会重合在一起，具有较高的观赏价值。

叶片顶端钝圆或罕具短尖头　　花朵紫红色、淡红色或白色　　花瓣近卵形，长约1厘米

食用方法：花朵晒干后可泡茶饮，可搭配玫瑰花、薄荷、金盏花或桂花等。

饮食宜忌：尤适宜面部有痤疮、色斑的人群，或肤色暗沉、无光泽及口腔有异味的患者。

功效主治：花朵入药，具有清热解毒、美白祛斑、滋润皮肤、除皱消斑、清除口腔异味、增强皮肤光泽、预防紫外线照射的功效。

别名：草桂花、四桃克、草紫罗兰 | 性味：性寒，味辛、苦 | 繁殖方式：播种 | 食用部位：花朵

景天三七

花黄色，顶生

叶互生，边缘有锯齿

多年生草本，株高20~50厘米，直立生长，无分枝。茎上无毛，较粗壮。叶片互生，呈狭披针形、椭圆状披针形至倒卵状披针形，叶端渐尖，叶基呈楔形，叶缘有不整齐的锯齿。聚伞花序，顶生黄色花，花瓣5枚，蓇葖呈星芒状排列，簇生。

生活习性：喜光照，耐寒，忌水湿，在山坡岩石上和荒地上均能生长旺盛。

分布：中国东北、华北、西北及长江流域各地。

品种鉴别：

①狭叶景天三七：叶狭长圆状楔形或几为线形，宽不及5毫米。花期6~7月，果期8月。产自甘肃、陕西、山东、河北、内蒙古、吉林、黑龙江等地，生于海拔1350米左右的山坡阴地。

②宽叶景天三七：叶宽倒卵形、椭圆形、卵形，有时稍呈圆形，先端圆钝，基部楔形，长2~7厘米，宽达3厘米。花期7月。产自山东、河北、辽宁、吉林、黑龙江等地。

③乳毛景天三七：叶狭，先端钝，植株被微乳头状突起。花期6~7月，果期8月。产自青海、宁夏、甘肃、陕西、河北、内蒙古等地，生于海拔3600米以下的石山坡草地上。

食用方法：

①将嫩茎叶洗净、切碎，煎取汁液，去渣服用。

②将嫩茎叶洗净，放入沸水中焯熟，捞出，加入适量盐拌匀，即可食用。

饮食宜忌：适宜免疫力低下，以及消化道、支气管出血的患者。脾胃虚寒者禁服。

功效主治：全草入药，具有散瘀止血、宁心安神的作用，可缓解吐血、便血、崩漏、跌打损伤等症。

别名：土三七、旱三七、血山草、墙头三七 ｜ 性味：性平，味甘、微酸 ｜ 繁殖方式：扦插、播种
食用部位：嫩茎叶

垂盆草

多年生草本，匍匐生长。茎节上易生根，呈长圆形，全缘拥有较细的不育枝，长10~25厘米。叶片为3叶轮生，呈倒披针形至长圆形，长15~28毫米，宽3~7毫米，叶端急尖，叶基急狭。

生活习性：

温度　生长适温为15~25℃，越冬温度为5℃。

光照　对光线要求不严，一般适宜在中等光线条件下生长，亦耐弱光。

水分　保证不积水的前提下，尽可能让土壤保持湿润即可。

土壤　不择土壤，在疏松的沙壤土中生长较佳。

分布： 中国南北方均有生长。

园林应用： 垂盆草耐粗放管理，在屋顶绿化、地被、护坡、花坛、吊篮等城市景观工程中被广泛推广应用，并可作为北方屋顶绿化的专用草坪草。可作庭院地被栽植，亦可室内吊挂欣赏。

食用方法：

①将采摘来的垂盆草洗净，加入红

3叶轮生，叶片倒披针形至长圆形

茎细，节上易生根

枣、白糖、清水后，煮开饮用。

②将采摘来的垂盆草洗净，用沸水焯熟，加盐搅拌或直接蘸酱食用均可。

饮食宜忌： 脾胃虚寒者慎用。

功效主治： 嫩茎叶入药，可清热利湿、解毒消肿，适合口腔溃疡、肝炎的人群食用。

别名：狗牙半支、石指甲、狗牙瓣、瓜子草 | 性味：性微寒，味甘、淡、微酸
繁殖方式：分株、扦插 | 食用部位：嫩茎叶

地黄

多年生草本，株高10~30厘米。肉质茎，幼嫩时为黄色，上面还密被有灰白色的长柔毛和腺毛。叶片绿色，呈卵形至长椭圆形，叶缘有不规则的圆钝锯齿，叶片整体排列成莲座状。开紫红色或紫色的花，花冠呈弯曲筒状。蒴果呈卵形至长卵形。

生活习性：
喜温暖且阳光充足的环境，耐寒，适合土层深厚、疏松、肥沃的沙质土壤。

分布： 各地均有栽培。

品种鉴别：

①早地黄：又称春栽地黄，适合4月中上旬栽种。

②晚地黄：又称夏栽地黄或麦茬地黄，栽种期为麦收季节（5月下旬至6月中上旬），收获期为当年秋末，晚地黄因生长期短而产量较低。

食用方法：

①根叶去杂洗净，入沸水焯烫，捞出后放入煮熟的鸡汤中，继续炖煮10分钟，加盐调味，出锅喝汤。

②根叶榨取汁液，和面，做成面食食用。

饮食宜忌： 脾虚湿滞、腹满便溏者不宜食用生地黄。

花冠筒状，弯曲，紫红色或紫色

叶片上面绿色，下面略带紫色

根茎肉质，幼嫩时为黄色

功效主治： 根、嫩叶入药，具有凉血止血、生津润燥、滋阴清热的功效，可适当缓解舌绛烦渴、温毒发斑、吐血等症。

| 别名：鲜地黄、地髓 | 性味：性寒，味甘、苦 | 繁殖方式：根茎、播种 | 食用部位：根叶 |

水苦荬

一年生或二年生草本，株高10~100厘米，直立生长。整个植株光滑无毛。肉质茎，中空，只是有时茎基部会稍斜。叶片对生，呈长圆状披针形或长圆状卵圆形，叶端圆钝或尖锐，叶缘有波状齿。腋生总状花序，开淡紫色或白色花。

生活习性： 一般生长于水边及沼地。

分布： 中国长江以北及西南地区。

食用方法：

①嫩茎叶择洗干净，入沸水焯烫，捞出漂净，加入肉片炒熟，即可食用。

②将采摘来的嫩茎叶洗净，用沸水焯熟，加盐搅拌或直接蘸酱食用均可。

饮食宜忌： 一般人群皆可食用，尤适宜咯血、风湿痛、胃痛、跌打损伤、骨折、痈疖或咽喉肿痛的患者。

功效主治： 嫩叶入药，具有活血止血、清热解毒的

功效。用于缓解咽喉肿痛、劳伤咯血、风湿疼痛、月经不调等症，外用可以缓解骨折、痈疖肿毒、跌打损伤等症。

叶片长圆状披针形或长圆状卵圆形

花朵呈淡紫色或白色

茎直立或基部倾斜

| 别名：半边山、谢婆菜、水莴苣 | 性味：性凉，味苦 | 繁殖方式：播种 | 食用部位：嫩茎叶 |

大车前

多年生草本，连花茎高可达50厘米。短而粗的根状茎上有须根。叶片基生，呈卵形或宽卵形，叶端圆钝，叶缘呈波状或有不规则锯齿。穗状花序，开密集的白色小花。椭圆形的蒴果为棕色或棕褐色，内含8~15粒种子。

生活习性： 在20~24℃可以正常生长。如果超过30℃，生长速度将减缓。对光照要求不是很高，喜光，也很耐阴，并且非常喜欢潮湿的环境。

分布： 黑龙江、吉林、辽宁、内蒙古、河北、山西、陕西等地。

食用方法：

①采集嫩茎叶洗净，作为火锅素菜，十分可口。

②嫩茎叶反复洗净，裹蛋糊油炸，极具风味。

饮食宜忌： 大车前性寒，内伤劳倦、阳气下陷、肾虚精滑或内无湿热者慎食。

功效主治： 嫩茎叶入药，具有清热利水、明目祛痰的功效，用于小便不通、淋浊、浮肿、热痢泄泻、感冒咳嗽、支气管炎等症。

叶片草质、薄纸质或纸质

穗状花序，密生，花冠白色

別名：大猪耳朵草、平车前 | 性味：性寒，味甘 | 繁殖方式：播种 | 食用部位：嫩茎叶

金鱼草

多年生直立草本，茎基部有时木质化，株高可达80厘米。茎下部叶片对生，上部互生，呈披针形至矩圆状披针形。顶生总状花序，颜色丰富，有红色、紫色、白色等，花瓣的基部会下延，呈兜状，上唇则呈直立状。

生活习性： 较耐寒，耐半阴，也耐湿，怕干旱。

分布： 中国各地庭园均有栽培。

食用方法： 种子采收晒干后，压榨出油食用。

饮食宜忌： 一般人群皆可食用。

功效主治： 全草入药，具有清热解毒、活血消肿的功效，常用于缓解夏季感冒和头疼脑热，还可适当缓解跌打扭伤。

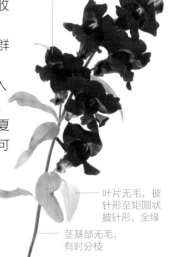

总状花序顶生，花冠颜色多种，有红色、紫色和白色

叶片无毛，披针形至矩圆状披针形，全缘

茎基部无毛，有时分枝

別名：龙头花、狮子花、龙口花、洋彩雀 | 性味：性凉，味苦 | 繁殖方式：播种、扦插 | 食用部位：种子

蕨菜

多年生草本，株高可达1米。根茎斜生长，且密被浅棕色至棕色的短鳞毛。叶片从地下茎长出，呈羽状，叶缘向内卷曲；幼嫩的叶柄长有细茸毛，后慢慢消失。

生活习性：

温度 耐高温，也耐低温，32℃仍能生长，-35℃条件下根茎能安全越冬。

光照 对光照特别敏感，强光与弱光下均能正常生长，但在光照时数较长的情况下生长较快，植株健壮高大。

水分 对水分要求较严格，不耐干旱。

土壤 要求有机质丰富、土层深厚、排水性良好、植被覆盖率高的中性或微酸性土壤。

分布：中国各地，但主要产于长江流域及以北地区。

品种鉴别：

①云南蕨：植株高度在1米左右，叶柄较为粗壮，光滑无毛。植株复叶，小叶较多，叶片对生，形状为披针形，颜色为青绿色，叶片平展，沟痕明显，顶端较为尖锐。植株喜欢温暖的环境，多生长在海拔适中的位置，主要分布在云南西部地区。

②镰羽蕨：高度在2米左右，叶柄为黑褐色，叶片为暗绿色，光滑无毛。植株喜温，喜光照，多生长在光照充足的山地或坡地，多分布在我国广东地区。

③欧洲蕨：植株高度在1米左右，叶柄为禾秆色，叶片互生，颜色为暗绿色。植株喜温，多生长在海拔较低的坡地和林地，主要分布在欧洲地区。

食用方法：

①采集新鲜的嫩叶芽，入沸水焯熟，切段后，将备好的腊肉、姜、干辣椒下锅炒至八成熟，放入蕨菜翻炒后出锅。

②采集新鲜的嫩叶芽，入沸水焯熟，沥干水分后曝晒，制成菜干，凉拌食用。

饮食宜忌：脾胃虚寒者忌食，生食、久食会伤人阳气。

功效主治：嫩叶芽入药，因含有丰富的膳食纤维，可促进胃肠蠕动。

叶羽状分枝，叶缘向内卷曲

叶干后近革质或革质，暗绿色

别名：拳头菜、龙头菜、山野菜、鹿蕨菜 | 性味：性凉，味甘、涩 | 繁殖方式：孢子、分株
食用部位：嫩叶芽

荚果蕨

多年生草本，株高可达1米，直立生长。根状茎至叶柄基部都密被针形鳞片。它有杯状的二型叶；不育叶先直立向上生长，然后展开呈鸟巢状；可育叶一般长自叶丛，呈羽片荚果状，叶柄长而粗硬。

叶片椭圆披针形至倒披针形

根状茎直立，密被针形鳞片

生活习性：

温度 既耐高温，也耐低温，在32℃高温下仍能正常生长、发育。

光照 对日照的要求不高，耐阴性比较好。

水分 不耐干旱，对水分要求严格。

土壤 对土壤要求不严，但以疏松、肥沃的微酸性土壤为宜。

分布：黑龙江、吉林、辽宁、河北、山西、河南、甘肃、四川等地。

食用方法：

①嫩叶洗净后，入沸水焯烫，盐渍后速冻保鲜，做凉菜食用。

②嫩叶反复洗净，裹蛋糊油炸，极具风味。

饮食宜忌：阳虚体质或脾胃虚寒者不宜食用，孕妇慎食。

功效主治：嫩叶入药，具有清热解毒、益气安神的作用，可缓解风湿痹痛、外伤出血等症。

另外，荚果蕨还具有杀虫驱虫的作用。

| 别名：黄瓜香、野鸡膀子 | 性味：性凉，味苦 | 繁殖方式：孢子、根茎 | 食用部位：嫩叶 |

紫花地丁

多年生草本，无地上茎，株高4~14厘米，直立生长。淡褐色的根茎粗短。茎下部叶片呈三角状卵形或狭卵形，上部则呈长圆形、狭卵状披针形或长圆状卵形，上部叶较长。开紫堇色或淡紫色花，花朵中等，喉部颜色偏淡，并带紫色条纹。

花朵紫堇色或淡紫色

花朵里面无毛或有须毛，喉部有紫色脉纹

叶先端圆钝，基部截形或楔形

生活习性：喜半阴环境，耐寒，耐旱，对土壤没有特殊要求，只要保持湿润即可。

分布：黑龙江、吉林、辽宁、内蒙古、河北、山西、陕西等地。

食用方法：采摘嫩茎叶后，用沸水焯熟，用花生油抓拌均匀，然后撒上面粉，继续抓匀。热水上锅，蒸5分钟即可食用。

饮食宜忌：阴疽或脾胃虚寒者慎服。

功效主治：全草入药，具有清热解毒的功效，用于疗疮、瘰疬等症。

| 别名：野堇菜、光瓣堇菜、犁头草 | 性味：性寒，味苦、辛 | 繁殖方式：分株、播种 | 食用部位：嫩茎叶 |

秋海棠

苞片长圆形，先端钝

叶片两侧不相等

茎直立或匍匐，有分枝，近无毛

多年生草本，直立或匍匐，有分枝。具有根状茎。单叶互生或基生，呈宽卵形至卵形，叶缘有不等大的三角形浅齿。聚伞花序，开花数朵，花被的瓣片呈花冠状，一般为2枚对生或4枚交互对生，通常外轮大、内轮小。

生活习性：

温度　生长适温为19~24℃，冬季温度不宜低于10℃，否则叶片易受冻，但根茎较耐寒。

光照　一般适合在晨光和散射光下生长，在强光下易造成叶片烧伤。

水分　喜欢生活在湿润的环境中，因此要注意及时补充水分。

土壤　喜疏松、排水性良好、营养丰富的微酸性沙土。

分布： 河北、河南、山东、陕西、四川、贵州、广西、湖南、湖北、安徽、江西、浙江、福建等地。

品种鉴别：

①竹节秋海棠：地面上的枝条长得像竹节一般，枝条是一节节的，而且长着特别狭长的叶片。

②根茎类秋海棠：最有名的品种就是蟆叶秋海棠，它在叶面上有着斑斓的纹路，叶子是特别大的，底部的根茎比较长，而且是匍匐生长的块根。

③球根类秋海棠：需要充足的光照才好开花，否则会导致开花减少。对水分和温度特别敏感，很害怕过度干旱，也很害怕温度过低。

④须根类秋海棠：秋海棠中较为常见和普遍的一种，姿态优美、花朵成簇，花有单瓣和重瓣之分，花色有大红、粉红、纯白之别。

食用方法：

①春季采集嫩茎叶，用沸水焯熟后加辣椒炒熟，密封腌制1天后即可食用。

②将嫩茎叶用沸水焯熟后切碎，加入馍中做成馅料食用。

饮食宜忌： 秋海棠性凉，孕妇慎服。

功效主治： 嫩茎叶入药，具有凉血止血、散瘀调经的作用，可缓解痢疾、月经不调等症。

别名：岩丸子、相思草｜性味：性凉，味酸、涩｜繁殖方式：播种、扦插｜食用部位：嫩茎叶

水芹

多年生草本，株高15~80厘米。叶片经1~3回羽状分裂，呈卵形至菱状披针形，叶缘有圆齿状锯齿。顶生复伞状花序，开白色小花，花瓣呈倒卵形。果实近于四角状椭圆形或筒状长圆形。

叶片轮廓三角形，边缘有圆齿状锯齿

茎直立或基部匍匐

伞形科

生活习性:

温度　水芹菜喜凉，也耐寒，在高温下是难以生长的。适宜水芹菜生长的温度为12~24℃，如果温度高于30℃或低于5℃，水芹菜就会长得很慢。

光照　喜光，但如果光照过强，对水芹的生长也是不利的。

水分　不耐旱，适合在浅水区域生长。

土壤　适宜种植在保肥力、保水力强的富含有机质的偏黏壤土中。

分布: 中国各地。

食用方法:

①嫩茎叶用开水烫一下，捞出切段或末，加入肉末中，做成水饺或包子。

②嫩茎叶用沸水烫一下，捞出沥干，加入葱、姜末、生抽、白糖，淋上香油凉拌食用。

饮食宜忌: 水芹性凉质滑，故脾胃虚寒和消化不良者慎食。

功效主治: 嫩茎叶入药，可辅助缓解高血压、头晕、月经不调、水肿等症，还对缓解血管硬化、泌尿系统感染有一定的帮助。

别名：芹、旱芹、野芹菜、蒲芹 | 性味：性凉，味甘、辛 | 繁殖方式：无性繁殖 | 食用部位：嫩茎叶

刺芹

二年生或多年生草本，株高5~25厘米，直立生长。茎较粗壮，上面光滑无毛，为绿色。叶片革质，呈披针形或倒披针形，叶缘还有深锯齿。果实呈卵圆形或球形，表面有瘤状突起，并有不明显的果棱。

叶表面深绿色，背面浅绿色，两面无毛

茎直立，粗壮，无毛

生活习性: 喜温、耐热、怕霜、喜湿、耐旱、耐阴，各种土壤条件均能适应。适合生长在水边、林下、路旁等湿润处。

分布: 广东、广西、贵州、云南等地。

食用方法:

①刺芹嫩叶去杂洗净，与葱、姜、蒜一起炒香，加入肉片即可。

②刺芹嫩叶去杂洗净，入沸水焯烫，捞出洗净后凉拌。

饮食宜忌: 孕妇或正在哺乳者慎服。

功效主治: 嫩叶入药，具有发表止咳、透疹解毒的作用，可缓解感冒、咳喘、麻疹不透、咽喉肿痛、脘腹胀痛、水肿等症。

别名：假芫荽、节节花、野香草 | 性味：性温，味辛、微苦 | 繁殖方式：播种 | 食用部位：嫩叶

山芹菜

多年生草本，株高0.5~1.5米，直立生长，有分枝。粗短的主根呈黄褐色至棕褐色。茎部中空，表面光滑，有时基部有些许短柔毛。基生叶及上部叶均为2~3回三出式羽状分裂。复伞状花序，开白色花8~20朵。金黄色果实透明而有光泽，呈长圆形至卵形。

生活习性：

温度　生长温度一般在25℃左右。

光照　喜充足的光照条件，在有光的条件下容易发芽。

水分　适当灌溉，以保持湿润为度，勿使土壤干旱。

土壤　山芹菜对土壤要求不高，以黏壤土最为适宜。

分布：中国东北及内蒙古、山东、江苏、安徽、浙江、江西、福建等地。

食用方法：

①山芹菜嫩茎叶洗净后切段，蒜去皮后切成蒜末，在炒锅中放油，加热后入蒜末炒香，再放入剁椒炒匀；把山芹菜放进去快速翻炒，等山芹菜变色后加入盐和味精调味即可。

②把准备好的山芹菜嫩茎叶洗净后，切成段，用沸水焯一下，取出后过冷水降温、沥干，然后把蒜制成蒜泥，与香油、味精和盐放在一起，调匀制成料汁，直接淋在山芹菜上，调匀即可。

饮食宜忌：尤适宜血压偏高、睡眠不佳的中老年人食用。

功效主治：嫩茎叶入药，具有清热解毒、祛风除湿的作用，其富含维生素P和钙、磷、铁、膳食纤维等营养成分，对人体健康有益。还可适当缓解腰膝酸痛、感冒头痛等症状。

复伞状花序，开白色花

茎直立，中空，表面光滑

基生叶，2~3回三出式羽状分裂

別名：大叶芹、短果回芹 | 性味：性寒，味甘 | 繁殖方式：播种 | 食用部位：嫩茎叶

小茴香

一年生草本，株高0.4~2厘米，直立生长，分枝较多。茎为灰绿色或苍白色，其上光滑无毛。叶片呈阔三角形，有4~5回羽状全裂。顶生或侧生复伞状花序，开14~39朵黄色花，花瓣呈倒卵形或近倒卵圆形，花柄纤细、柔弱。果实呈长圆形，表面有5条主棱。

叶有4~5回羽状全裂

茎直立，光滑，其上无毛

生活习性:

温度　小茴香生长的最适宜温度为15~20℃。

光照　幼苗阶段，所需要的光照较少，因此需要好的庇荫条件。植株长到结果时期，这时就需要有足够的光照来满足其生长需求。

水分　对水分的要求不高，7天左右进行1次灌溉即可。

土壤　对土壤要求不高，但要求土质疏松，以及氮、磷、钾均衡，才能生长良好。

分布: 主产于山西、甘肃、辽宁、内蒙古等地。此外，吉林、黑龙江、河北、陕西、四川、贵州、广西等地也有生长。

食用方法:

①将小茴香加盐，炒至焦黄色，研末。将鸡蛋打匀，加入小茴香末拌匀煎炒，炒熟即成。

②茴香嫩苗切碎，和香菇过油先炒；放青豆、毛豆、玉米、鸡蛋、萝卜干；加冷饭，加点水翻炒，加入适量盐调味即可。

③北方许多地方都会用小茴香做馅料，十分可口。

饮食宜忌: 小茴香性燥热，较适合虚寒体质者食用，每次食用的量也不宜过多。有实热或阴虚火旺者不宜食用。

功效主治: 全草入药，具有散寒止痛、理气和胃的功效，可缓解食欲减退、恶心呕吐、腹部冷痛、痛经、脾胃气滞等症。

别名：怀香、香丝菜、谷茴 | 性味：性温，味辛 | 繁殖方式：播种 | 食用部位：嫩苗、果实

野胡萝卜

二年生草本，株高15~120厘米。茎上被有白色的粗硬毛。叶片基生，呈长圆形，叶端较尖，叶面或光滑无毛，或被粗糙的硬毛，有叶鞘，但几乎无叶柄。复伞状花序，开白色或淡红色花，花裂片呈线形。果实呈卵圆形，上面有棱，而棱上有白色刺毛。

生活习性:

温度　生长适宜温度白天为18~23℃，夜晚为13~18℃。

光照　喜光、长日照植物，特别是营养生长期，需要中等强度以上的光照。

水分　播种时要注意灌溉，使土壤湿度在70%~80%。幼苗期和叶部生长旺盛期，应适当减少灌溉，加强中耕，使土壤保持疏松，以便于透气，促使根部发育良好。

土壤　要求土壤具有一定形态质地和养分含量。

分布: 四川、贵州、湖北、江西、安徽、江苏、浙江等地。

品种鉴别: 区别在于胡萝卜的根肉质，长圆锥形，粗肥，呈红色或黄色。

食用方法:

①根茎用清水洗净后，切片，加入肉片炒熟，即可食用。

②根茎用清水洗净后，做成馅料食用。

饮食宜忌: 一般人群皆可食用，尤适宜小儿惊风、泄泻、喘咳、百日咳、咽喉肿痛、麻疹、水痘或水肿患者。

功效主治: 根茎入药，具有健脾化滞、清热解毒的功效，常用于缓解脾虚食少、腹泻、惊风、血淋、咽喉肿痛等症。

复伞状花序，花通常为白色或淡红色

茎生叶近无柄，有叶鞘

茎单生，全体有白色粗硬毛

种子呈褐色，扁平状，被花蕾包围

别名：南鹤虱、鹤虱草 | 性味：性凉，味甘、微辛 | 繁殖方式：播种 | 食用部位：根茎

天胡荽

多年生草本，匍匐生长。茎细长，且茎节能生根。叶片膜质至草质，呈圆形或肾形，叶基为心形，叶缘有钝齿，叶面光滑无毛，叶背的叶脉上则有稀疏的伏毛，但有时两面都光滑，或都被柔毛。

生活习性：

温度 喜欢温暖的生长环境，一般生长期间需要将温度保持在22~28℃，温度不能太高，尤其是水培的天胡荽，如果温度太高，很容易出现腐烂的现象。

光照 春天和秋天的时候可以多见阳光；冬天的时候放在光照充足的地方；其他时间放在散射光和通风良好的地方，忌阳光直射。

水分 对水分的需求较高，在生长期间需每隔2~3天浇1次水。

土壤 对土壤要求不高，选择在排灌方便、水源清洁、空气洁净、土层较厚、肥力较高的稻田、缓坡地、微潮湿的沙壤土种植为佳。

分布： 陕西、江苏、安徽、浙江、江西、福建、湖南、湖北、广东、云南等地。

品种鉴别： 破铜钱：与原种的区别为叶片较小，3~5深裂几达基部，侧面裂片间有一侧或两侧仅裂达基部1/3处，裂片均呈楔形。

食用方法：

①将天胡荽嫩茎清洗干净，放入碗里，放上姜片，加入制作好的娃娃菜碎和肉末，拌匀后捏成丸子，向碗里加入沸水，上锅蒸15分钟，即可连汤食用。

②将天胡荽嫩茎叶清洗干净，入沸水焯熟，沥干水分，加入蒜末、生抽、醋、盐，淋上辣椒油，盛出即可。

饮食宜忌： 尤适宜黄疸、赤白痢疾、疔疮、小便不利或目翳患者。本品性寒，孕妇慎食。

功效主治： 嫩茎叶入药，具有清热解毒、利尿消肿的功效。天胡荽有一定小毒，切记不可大量食用。

叶片膜质至草质，边缘有钝齿

叶面有时光滑无毛

别名：鸡肠菜、破钱草、千光草 | 性味：性凉，味辛、微苦 | 繁殖方式：播种、扦插 | 食用部位：嫩茎叶

马齿苋

叶上面暗绿色，下面淡绿色或带暗红色

一年生草本，全株无毛，株高10~30厘米，分枝较多。茎为圆柱形，阳面为淡褐红色。叶片扁平肥厚而无毛，互生或近对生，呈倒卵形、长圆形和匙形，叶端圆钝，叶柄较短。枝端开有黄色小花，花瓣5枚，呈倒卵形。

生活习性：

温度 最适宜的生长温度是25℃左右。如果温度低于10℃，生长就会停止。

光照 需要短日照和日照不太强的环境，不需要强光，在强光下，可能会有落叶，所以要在比较阴凉的地方种植，若长时间接受光照，叶子会变薄变大，颜色异常沉闷、暗淡难看，影响口感。但也不耐荫蔽，过于荫蔽易生病虫害，使得植株抗性弱。

水分 喜欢潮湿，需要足够的水分才能生长良好。

土壤 一般土壤均能适应，特别适合排水性良好的沙土。

分布：中国南北各地均产。

茎平卧或斜倚，伏地铺散，多分枝，圆柱形

食用方法：

①新鲜采摘的马齿苋控干水分，加入干面粉，保证所有叶子都沾上面粉，上锅蒸15分钟，蘸蒜汁食用即可。

②马齿苋用沸水焯熟，控干水，加入盐、白糖、生抽、香醋，搅拌均匀，淋上辣椒油即可。

饮食宜忌：孕妇、习惯性流产者、脾胃虚弱者、受凉引起腹泻者或大便泄泻者忌食，且不宜与鳖甲同时食用。

功效主治：嫩茎叶入药，具有清热解毒、凉血止血的作用，可适当缓解热毒血痢、痈肿疔疮、湿疹、丹毒、蛇虫咬伤等症。

花瓣5枚，黄色

别名：五行草、干瓣苋、长命菜、马齿菜 | 性味：性寒，味酸 | 繁殖方式：播种、扦插 | 食用部位：嫩茎叶

柳兰

多年生草本，株高2米，直立生长，丛生。木质化的根状茎匍匐生长于地表层，一般不分枝，只是有时茎上部有少量分枝。叶片螺旋互生，基部叶则对生，叶片呈披针状长圆形至倒卵形，叶缘为稀疏的齿状，并稍微向内卷曲。总状花序，开粉红色至紫红色花，也有少量白色花，花期为6~9月。褐色的种子呈狭倒卵状，果期为8~10月。

生活习性：

温度　适宜生长温度为15~20℃。

光照　喜阳光充足的环境。

水分　适当灌溉，以保持湿润为宜，勿使土壤干旱。

土壤　喜疏松、肥沃、排水性良好的沙土。

分布：黑龙江、吉林、内蒙古、河北、山西、宁夏、甘肃、青海、新疆、四川西部、云南西北部、西藏等地。

品种鉴别：毛脉柳兰的茎中上部周围被曲柔毛；叶多少具短柄（长2~7毫米），长9~23厘米，宽1~3.5厘米，下面脉上有短柔毛，基部楔形，边缘具浅牙齿；花粉粒常较大（平均直径85微米），有1/3具4孔或5孔；花瓣较大，长12~23毫米，宽7~13毫米。

花序长，从下至上逐渐开放，花瓣4枚，紫红色

中上部的叶近革质，呈线状披针形或狭披针形

茎直立，丛生，基部木质化

食用方法：

①选取鲜嫩的叶尖，用沸水烫熟后，用香油、酱油、醋、辣椒油、芥末、姜汁等调料，制成凉拌菜。

②采摘嫩叶，用沸水焯熟，用食用油抓拌均匀，然后撒上面粉继续抓匀。热水上锅，蒸5分钟即可食用。

饮食宜忌：适宜腹泻不止、乳汁不下、气虚浮肿者食用。不宜大量食用。

功效主治：全株入药，具有活血祛瘀、消肿止痛的功效，可缓解跌打伤肿、骨折、风湿痹痛、痛经等症。

别名：红筷子、火烧兰、糯芋 | 性味：性平，味苦 | 繁殖方式：扦插、播种、分枝 | 食用部位：嫩叶

刺苋

一年生草本，株高30~100厘米。茎直立，呈圆柱形或钝棱形，棕红色或棕绿色。叶片呈菱状卵形或卵状披针形，叶端圆钝且微凸，叶基则呈楔形；嫩叶叶脉附近稍有柔毛，长大后会消失。腋生或顶生圆锥花序。

叶片呈菱状卵形或卵状披针形

下部顶生花穗通常为雄花

茎圆柱形或钝棱形，多分枝，有纵条纹

生活习性：

温度　喜温暖，较耐热，生活适温为23~27℃，20℃以下植株生长缓慢，10℃以下种子发芽困难，植株生长基本停止，高于30℃，植株品质变劣。

光照　属于喜阳植物，适合生长在光照充足的环境中。

水分　适当灌溉，以保持湿润为宜，勿使土壤干旱。

土壤　地势平坦、排灌方便、肥沃、疏松的沙壤土或黏壤土，喜欢偏碱性土壤。

分布：中国大部分地区。

食用方法：

①采摘嫩茎叶后，需用沸水焯一下，去掉苦味后加入盐、醋凉拌，盛出即可。

②嫩茎叶择洗干净，入沸水焯烫，捞出漂净，加入肉片炒熟，即可食用。

饮食宜忌：本品不宜大量、过量食用。月经期或孕期者，或虚痢日久者忌服。

功效主治：嫩茎叶入药，具有解毒消肿、清肝明目、散血消肿的作用，可缓解痢疾、痔疮、便血等症。

别名：簕苋菜、野苋菜、土苋菜、猪母刺 | 性味：性凉，味甘、淡 | 繁殖方式：播种 | 食用部位：嫩茎叶

青葙

一年生草本，高30~90厘米，直立生长。茎为绿色或红色。顶生穗状花序，开花较密，由淡红色变为银白色。

穗状花序单生于茎顶

生活习性：青葙喜温暖、耐热、不耐寒。生长适温为25~30℃，20℃以下生长缓慢，遇霜凋萎。对土壤要求不高，以有机质丰富、肥沃的疏松土壤为宜。

分布：中国各地。

食用方法：

①将青葙嫩茎叶洗净，加盐炒至焦黄色，研末；将鸡蛋打匀，加入青葙末拌匀煎炒，炒熟即成。

②青葙嫩茎叶洗净、切碎，和香菇过油先炒；放青豆、毛豆、玉米、鸡蛋、萝卜干；放冷饭，加点水炒匀；加入适量盐调味即可。

饮食宜忌：瞳子散大者忌服。

功效主治：嫩茎叶入药，具有清热解毒、凉血止痢的作用，主要用于缓解赤痢腹痛、久痢水止、痔疮出血、痈肿疮毒等症。

花多数，密生，由淡红色转至银白色

别名：草蒿、姜蒿、昆仑草、鸡冠苋 | 性味：性寒，味苦 | 繁殖方式：播种 | 食用部位：嫩茎叶

反枝苋

一年生草本，高20~80厘米，直立生长。茎粗壮，上有钝棱，且被短柔毛，淡绿色，有时也有紫色条纹。叶片呈菱状卵形或椭圆形，叶端较尖，叶基呈楔形，叶缘则为波状，叶面、叶背均密生柔毛。顶生或腋生圆锥花序，开紫色花。

生活习性： 反枝苋适应性极强，到处都能生长，不耐阴，适宜的萌发温度为5℃以上，35~40℃时发芽率最高，适合生长在pH值为4.2~9.1的湿润土壤中。

分布： 黑龙江、吉林、辽宁、内蒙古、河北、山东、山西、河南、陕西、甘肃、宁夏、新疆等地。

品种鉴别： 短苞反枝苋的茎较细且少棱角，毛也较少；叶片基部骤狭成叶柄，下面稍有斑。苞片长3~4毫米，顶端不尖锐，仅稍超过花被片。

花序顶生或腋生，直立，花紫色

茎直立，淡绿色

叶片顶端锐尖或尖凹，有小凸尖，基部楔形

食用方法：

①嫩茎叶入沸水略烫，用水漂洗后可做蛋花汤。

②嫩茎叶洗净，入沸水焯熟后，放入锅中加肉片炒熟，放盐调味即可。

饮食宜忌： 反枝苋有营养，且药用价值高，但因其性寒凉，故脾虚便溏者慎用，且不宜与鳖同食。

功效主治： 嫩茎叶入药，具有收敛消肿、解毒治痢、通利二便、清热明目的作用，比较适合肝火旺盛者食用。

| 别名：西风谷、刺苋菜、野苋菜、茵茵菜 | 性味：性凉，味甘 | 繁殖方式：播种 | 食用部位：嫩茎叶 |

皱果苋

一年生草本，株高40~80厘米，直立生长，略有分枝。茎部为绿色或略带紫色。叶片呈卵形、卵状矩圆形或卵状椭圆形，叶端向内凹，也有少数钝圆的，叶缘稍呈波状。顶生圆锥花序，穗状花序构成。种子近球形，黑色或黑褐色。

生活习性： 生长期要求充足的光照。皱果苋耐干旱、耐瘠薄、耐酸性土壤，也耐盐碱，但怕涝、怕霜冻，对土壤肥力消耗大，在水肥充足的条件下能获得高产。

分布： 中国东北、华北、华东、华南等地区。

食用方法：

①嫩茎叶择洗干净，用沸水汆烫2分钟，用清水浸泡，捞出沥干后加入调料凉拌，即可食用。

②嫩茎叶择洗干净，入沸水焯烫，捞出漂净，加入肉片炒熟，即可食用。

叶片顶端尖凹或向内凹缺，少数圆钝

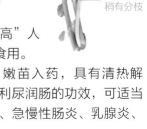

茎直立，稍有分枝

饮食宜忌： 适宜"三高"人群及大便干结者食用。

功效主治： 嫩苗入药，具有清热解毒、消肿止痛、利尿润肠的功效，可适当缓解细菌性痢疾、急慢性肠炎、乳腺炎、蛇虫咬伤等症。

| 别名：野苋、绿苋 | 性味：性凉，味甘、淡 | 繁殖方式：播种 | 食用部位：幼苗、嫩茎叶 |

鸡冠花

一年生直立草本，株高30~80厘米，分枝较少，且光滑无毛。茎较粗壮，颜色为绿色或略带红色，上面有棱状突起。单叶互生，叶片呈卵形、卵状披针形或披针形。顶生穗状花序，花色丰富，有紫、橙黄、白及红黄相间等色，花形则有扇形、肾形、扁球形等。

生活习性：

温度 适宜生长温度为10~30℃。

光照 喜阳光充足、湿热的环境，不耐霜冻。

水分 种植初期不需要浇太多的水，只需把水浇透，以保证植株所处的环境湿润即可。在植株生长期必须勤浇水，适当增加浇水量。气温过高时，叶片失水较多，此时需要大量补充水分。

土壤 对土壤要求不高，可选择肥沃、透气性好的土壤栽培。

分布：几乎遍布中国各地。

食用方法：花朵可泡茶饮，取5克鸡冠花，用沸水冲泡，闷约10分钟即可。

饮食宜忌：适宜肠风、久泻久痢、白带过多或痔疮肛边肿痛患者；鸡冠花茶不适宜搭配其他花茶，脾胃虚寒者最好不要服用。

功效主治：花朵入药，具有清热除湿、收敛涩肠、凉血止血、止泻止带的功效，常用于缓解赤白带下、功能性子宫出血、痔血、吐血、崩漏、便血等症。

穗状花序顶生，呈扇形、肾形、扁球形等

单叶互生，叶片呈卵形、卵状披针形或披针形

茎粗壮，分枝少，具棱纹突起

别名：鸡髻花、老来红、芦花鸡冠 | 性味：性凉，味甘、涩 | 繁殖方式：播种 | 食用部位：花朵

灰绿藜

一年生草本。高达20~40厘米，叶片呈矩圆状卵形至披针形，叶面光滑；此外，还具有叶柄和筒状的托叶鞘。顶生或腋生穗状花序，数个穗状花序又排列成圆锥状。一年可多次开花结实，一般4~5月出苗，7~10月开花结果。

生活习性： 多生长在田间、路边、荒地、菜园等。

分布： 中国除台湾、福建、江西、广东、广西、贵州、云南外，其他各地都有分布。

食用方法：

①嫩叶洗净后用沸水烫一下；将一个鸡蛋调散，加面粉、水，调成面糊，加入灰绿藜。平底锅里放少许油，锅烧热，加3勺面糊；反复翻面至水分完全蒸发，就可以出锅。

②将灰绿藜清洗干净，入沸水焯熟，沥干水分，加入蒜末、生抽、醋、盐，再浇上热辣椒油，盛出即可。

饮食宜忌： 若有食用后皮肤发生浮肿等症，或者产生头痛、疲乏无力、胸闷及食欲不振等轻微症状时，应立刻停止食用，并去医院诊治。

功效主治： 嫩叶入药，具有清热祛湿、杀虫止痒的作用；捣烂外敷，可缓解毒虫咬伤、白癜风等病症。

叶片先端急尖或钝，基部渐狭

花被片浅绿色，稍肥厚，通常无粉

别名：黄瓜菜、山芥菜、山菘菠、山根龙 | 性味：性平，味甘 | 繁殖方式：播种 | 食用部位：嫩叶

红心藜

一年生草本，株高30~150厘米，直立生长。茎粗壮。叶片呈菱状卵形至宽披针形，叶端急尖或微钝，叶基呈楔形至宽楔形，叶面一般不被粉，但有时嫩叶的上面被有紫红色粉，叶缘有不规则锯齿。

生活习性： 以沙壤土为佳，光照、排水性需良好。生于路旁、荒地及田间。

分布： 中国各地。

食用方法：

①嫩茎叶洗净，放入沸水中焯熟，捞出沥干，加入盐、香油、醋、酱油等调料凉拌。

②嫩茎叶洗净备用，加入汤中增味。

饮食宜忌： 一般人群皆可食用，尤适宜疮疡、肿毒、疥癣、肤痒、痔疮或便秘患者等。

功效主治： 嫩茎叶入药，具有祛湿解毒、杀虫止痒、解热缓泻的功效，常用于缓解风热感冒、肺热咳嗽、荨麻疹、小便不利等症。

有时嫩叶的上面有紫红色粉

叶片边缘具不规则锯齿

别名：中红藜、灰藋、赤藜、红藜 | 性味：性平，味甘 | 繁殖方式：播种 | 食用部位：嫩茎叶

地肤

一年生草本，丛生，分枝较多，株高50~100厘米。茎密被短柔毛，基部则出现半木质化现象。单叶互生，呈线形或条形。胞果扁球形，果皮膜质，与种子离生。种子卵形，黑褐色。

叶无毛或稍有毛，先端短渐尖，基部渐狭，有短柄

茎直立，圆柱状，淡绿色或带紫红色

生活习性：适应性较强，喜温、喜光、耐干旱，不耐寒，对土壤要求不严格，较耐碱性土壤。肥沃、疏松、含腐殖质多的壤土，有利于地肤旺盛生长。

分布：中国大部分地区。

品种鉴别：

①碱地肤：该变种与原变种的区别在于，花下有较密的束生锈色柔毛。

②扫帚菜：分枝繁多，植株呈卵形或倒卵形；叶较狭。栽培作扫帚用，晚秋枝叶变红，可供观赏。

食用方法：

①嫩茎叶洗净后，入沸水焯熟，捞出，加入香油、醋、盐，凉拌即可。

②嫩茎叶洗净后，加入大米，一同熬煮成粥即食。

饮食宜忌：适合膀胱湿热、血痢不止等患者食用。内无湿热及小便过多者忌服。脾胃虚寒者少食或不食。

功效主治：嫩茎叶入药，具有清热利湿、祛风止痒的作用。主要用于小便涩痛、阴痒带下、风疹、湿疹、皮肤瘙痒等症。

别名：地麦、落帚、扫帚苗、扫帚菜 | 性味：性寒，味苦 | 繁殖方式：播种 | 食用部位：幼苗及嫩茎叶

菊花

多年生草本，株高60~150厘米，直立生长，茎上密被短柔毛。叶呈卵形至披针形，具有羽状浅裂或半裂，叶下部密生白色短柔毛，叶柄较短。顶生或腋生头状花序，有舌状花和管状花，舌状花颜色较多，筒状花颜色较少，总苞片最外层被柔毛包围。

生活习性：

温度　生长适宜温度为20℃左右，能耐5~10℃的低温。

光照　短日照花卉，喜光。生长期间要求光照充分。

水分　高温干燥时要注意给植株补水，每天可以进行1~2次浇灌。低温天气或阴雨天，要注意减少浇水量，不要使土壤积水。

土壤　喜土层深厚、疏松肥沃、排水性良好且富含腐殖质的土壤。

头状花序顶生或腋生，舌状花有各种颜色

分布：

中国各地。

品种鉴别：

①宽带型：舌状花1~2轮，花瓣一般较宽展。有的花瓣呈船底形，且拱曲；有的长如带状，无端卷曲。筒状花序发达，显著外露。该型有两个亚型，即平展直伸者为平展亚型，下垂飘逸者为垂带亚型。

②荷花型：舌状花3~6轮，花瓣宽厚，各瓣排列疏松。全花外形整齐，略呈扁球状，外观似荷花。筒状花显著，盛开时外露。

③芍药型：舌状花多轮或重轮，花瓣直伸，内外轮各瓣近等长；花瓣丰满，顶部稍平，呈扁球形。

食用方法：

①花朵洗净后用沸水烫一下，再用清水浸洗后，切成小段。加入蒜泥、盐、白糖、香油、醋和生抽。炒锅炒香花椒、干辣椒，捞出，把剩余干净的热油浇在花朵上，拌匀即可。

茎直立，分枝或不分枝，被柔毛　　叶卵形至披针形，叶柄较短

②花朵可酿制成菊花酒。

饮食宜忌： 脾胃虚寒、食少泄泻者慎服。

功效主治： 花朵入药，具有疏风清热、清肝明目的作用，常用于缓解感冒风热、目赤昏花、肝阳上亢、眩晕头痛、疮疡肿痛等症。

别名：寿客、金英、黄华｜性味：性微寒，味苦、甘、辛｜繁殖方式：扦插、嫁接｜食用部位：花朵

马兰

多年生草本，株高30~70厘米，直立生长。叶片呈倒披针形或倒卵状矩圆形。头状花序，开浅紫色花，花托圆锥形。

叶梢薄质，两面或上面有疏微毛或近无毛

生活习性：

温度　喜温，较耐阴，抗寒及耐热力强。在32℃的高温下能正常生长，在−10℃以下能安全越冬，当地温回升到10~12℃，气温在10~15℃时，嫩叶嫩茎就开始迅速生长。种子发芽温度在20℃左右。

光照　喜阳，对阳光没有特殊的要求，可以接受直射光，也能适应散射光，还可以在无光的阴凉环境下生长。

水分　喜水，水分对马兰的生长有很大影响。如果土地干旱，马兰的长势会很差，吃起来会发苦。

土壤　适应性强，对土壤的要求不是太高，但如果生长在肥沃、松软、湿润的土地中，无论是品质还是产量都会更高。

分布： 中国大部分地区。

食用方法： 马兰嫩茎叶洗净，焯烫后过凉，切碎；花生米放入锅中炒熟，加入马兰嫩茎叶、盐、白糖、生抽、香醋、鸡精、香油拌匀即可。

饮食宜忌： 一般人群皆可食用，尤适宜患有咽喉肿痛、黄疸、水肿、痢疾、淋浊等病症的人群。孕妇及体寒人群慎服。

功效主治： 嫩茎叶入药，具有凉血止血、清热利湿、解毒消肿的作用，其富含胡萝卜素，可增强人体免疫力。

別名：鸡儿肠、阶前菊、紫菊、竹节草 | 性味：性凉，味辛 | 繁殖方式：播种、分株 | 食用部位：嫩茎叶

鳢肠

一年生草本，株高可达60厘米，直立生长。叶片呈长圆状披针形或披针形，叶端较尖，叶缘有细锯齿，密生硬糙毛，一般没有叶柄，但有时也有极短的叶柄。头状花序，开白色花，花梗细长，花冠管状。

花朵具细长花梗，花冠白色

叶片呈长圆状披针形或披针形

生活习性： 喜湿润气候，耐阴湿。以潮湿、疏松肥沃，且富含腐殖质的沙土或壤土栽培为宜。

分布： 中国各地均有。

食用方法： 大米煮粥，快熟时放入洗净的鳢肠菜嫩茎叶煮至熟，加入调料即可食用。

饮食宜忌： 尤适宜肝肾不足、眩晕耳鸣、须发早白或腰膝酸软患者食用。脾胃虚寒、胃弱溏便者慎服。

功效主治： 嫩茎叶入药，具有收敛止血、补肝益肾、排脓解毒的功效，可缓解各种吐血、鼻出血、肾虚等症。

別名：乌田草、墨旱莲、旱莲草 | 性味：性凉，味甘、酸 | 繁殖方式：播种 | 食用部位：嫩茎叶

蒲公英

叶片顶端裂片较大，呈倒卵状披针形、长圆状披针形或倒披针形

舌状花，黄色

多年生草本。棕褐色的根呈圆柱状，较粗壮。叶片呈倒卵状披针形、长圆状披针形或倒披针形，叶端圆钝或急尖，叶缘有时出现波状齿或羽状深裂。顶生头状花序，开黄色的舌状花。瘦果长有白色冠毛，呈倒卵状披针形。

生活习性：

温度 最适宜生长的温度在20~25℃，在该温度内，它的生长速度是比较快的，不过也可以耐低温环境，但生长会比较缓慢；温度在15~25℃就可以发芽，如果温度超过30℃，发芽就会比较缓慢。

光照 喜阳，但是不可以接受阳光直射，每天接受6~7小时的光照是最合适的。

水分 适当灌溉，以保持湿润为宜，勿使土壤干旱。

土壤 适应力非常强，喜欢肥沃、湿润、疏松、有机质含量高的土壤。

分布： 中国大部分地区。

食用方法：

①将蒲公英嫩茎叶洗净、沥干，蘸酱，味道鲜美清香且爽口。

②洗净的蒲公英嫩茎叶用沸水焯1分钟，用冷水冲一下。佐以辣椒油、味精、盐、香油、醋、蒜泥等；也可根据自己的口味，拌成风味各异的小菜。

饮食宜忌： 适宜咽喉疼痛者或肿毒者，阳虚外寒、脾胃虚弱者忌用。

功效主治： 全草入药，具有清热解毒、消肿散结、利尿通淋的作用，还有改善湿疹、皮肤炎、关节不适的功效。

瘦果倒卵状披针形，有白色冠毛

别名：黄花地丁、婆婆丁、华花郎 | 性味：性寒，味甘、苦 | 繁殖方式：播种 | 食用部位：嫩茎叶

蒌蒿

多年生草本，株高60~150厘米，气味清香。茎无毛，由绿褐色变为紫红色。纸质叶片，绿色，呈宽卵形、长椭圆形或线状披针形，叶端较尖，叶缘有细锯齿。头状花序，开黄绿色花。

叶纸质，宽卵形、长椭圆形或线状披针形

生活习性：

温度　喜温和的气候环境，适宜生长温度为20~33℃。如果环境温度超过35℃，其植株的生长就会受到抑制；如果环境温度低于10℃，其植株就会停止生长；如果环境温度低于0℃，其植株就有可能被冻死。

光照　对光照要求不高，但在阳光充足的条件下，有利于植株的生长。短日照下有利于开花、结实。

水分　要求土壤保持含水量在70%~80%。如果土壤中的含水量低于这个区间，则容易导致植株生长不良。

土壤　对土壤的要求不高。不过，要想高产，应选择土质疏松、肥厚的沙壤土进行种植。

茎初时绿褐色，后转为紫红色，无毛

分布：黑龙江、吉林、辽宁、内蒙古、河北、山西、陕西、甘肃、山东、江苏、安徽、江西、河南、湖北、湖南、广东、四川、云南及贵州等地。

品种鉴别：无齿蒌蒿的裂片全缘，稀间有少数小锯齿。

食用方法：

①腊肉丝入锅翻炒，加入洗净的蒌蒿嫩茎叶，炒至颜色变深，加入盐、白糖调味即可。

②蒌蒿嫩茎叶切成小段，洗净晾干，加入切成丝的香干，翻炒后调味即可。

饮食宜忌：糖尿病、肥胖或患有其他慢性病，如肾脏病、高脂血症患者慎食，老年人或缺铁性贫血患者尤其要少食。

功效主治：嫩茎入药，具有利膈开胃、行水的作用，尤其适合高血压、高脂血症及患有其他心血管疾病的患者食用。

花瓣长圆形或宽卵形，黄绿色

别名：芦蒿、水艾、香艾、水蒿	性味：性温，味辛、苦	繁殖方式：播种、分株	食用部位：嫩茎叶

野茼蒿

一年生草本，株高20~120厘米，直立生长。茎部光滑无毛，上有纵条纹。叶片呈椭圆形或长圆状椭圆形，叶端渐尖，叶缘有不规则锯齿，无毛。头状花序，开红褐色或橙红色花，顶端还有簇状毛。

叶片顶端渐尖，基部楔形，边缘有不规则锯齿

茎直立，光滑无毛，具纵条纹

生活习性：

温度　最适宜的生长温度为17~20℃，29℃以上生长不良，12℃以下生长缓慢，能忍受短期的低温，一般在10~30℃均能生长。

光照　喜阳光充足的环境。

水分　喜湿润，耐干旱。适应能力强，保持湿润即可。

土壤　选择透水、肥沃的沙壤土。

分布：江西、福建、浙江、广东、广西、湖北、贵州及西藏等地。

食用方法：

①野茼蒿嫩茎叶洗净后，焯水3分钟，取出后过冷水降温。准备一头蒜，捣成蒜泥后放在菜中，加入适量生抽、蚝油和香醋，最后放入适量香油，调匀后就可食用。

②野茼蒿嫩茎叶洗净后切成段，蒜切成蒜末，在炒锅中放油，加热后把蒜末入锅炒香，再把洗好的野茼蒿嫩茎叶一起入锅翻炒，炒好后加盐和少量生抽调味，翻炒出锅即可。

饮食宜忌：野茼蒿辛香滑利，脾虚泄泻者不宜多食。

功效主治：嫩茎叶入药，富含多种维生素，具有健脾消肿、清热解毒、利水行气的作用，常用于缓解感冒发热、痢疾、肠炎、支气管炎等症。

别名：安南草、野地黄菊、野塘蒿、革命菜｜**性味：**性平，味辛｜**繁殖方式：**播种｜**食用部位：**嫩茎叶

野艾蒿

多年生草本，株高50~120厘米，丛生，分枝较多，带有香气。茎斜生长，上有纵棱。绿色的叶片呈宽卵形或近圆形，上面有密集的白色腺点及小凹点。头状花序极多数，稀为开展的圆锥花序。

生活习性：

温度　最适宜的生长温度为24~30℃，温度高于30℃时茎秆易老化、抽枝；温度低于-3℃时，当年生宿根生长易受限。

光照　光照充足时植株生长茂密，长期在荫蔽的环境下植株生长不良。

水分　喜湿润气候，较耐旱，不耐水湿。

土壤　对土壤的要求不高。黑土、黄泥土都适合，但最好是疏松、肥沃的中性土壤。

分布： 黑龙江、吉林、辽宁、内蒙古、河北、山西、陕西、甘肃、山东、江苏、安徽、江西、河南、湖北、湖南、广东北部、广西北部、四川、贵州、云南等地。

食用方法：

①将野艾蒿清洗干净，用沸水烫后切碎；猪肉挑半肥瘦的，洗干净，剁碎后拌上生粉、酱油、鸡蛋、高汤、盐、白糖；加入野艾蒿拌均匀，用擀好的饺子皮包上，成形即可入锅煮。

②将野艾蒿叶剁碎，与糯米粉、粘米粉、白糖一起揉搓成粉团，芝麻、花生炒香后与红糖一起打碎成粉状，将粉团分成等量的剂子，擀成圆形；包上馅料后揉成圆球状，再用模子压型；将做好的糍粑底部垫上香蕉叶后，上蒸笼大火蒸15分钟即可。

叶上有白色腺点及小凹点

叶纸质

饮食宜忌： 处于月经期的女性不宜食用。

功效主治： 嫩茎叶入药，具有调经开郁、理气行血的作用，可缓解蚊虫叮咬、外伤出血等症。

叶背面密被灰白色绵毛

别名：野艾、艾叶等 | 性味：性温，味苦、辛 | 繁殖方式：播种 | 食用部位：嫩芽、嫩枝头

鼠曲草

一年生草本，株高一般为10~40厘米，还可更高，直立生长，或稍斜。叶片呈匙状倒披针形或倒卵状匙形，叶基渐狭，叶端圆钝，叶面、叶背均被白色绵毛。头状花序，开黄色花，花冠呈细管状。

生活习性：

温度 适宜生长温度为20~25℃。

光照 对光照要求不高，较耐弱光。

水分 保持土壤湿润，但水分也不宜过多，否则影响生长发育而减产。

土壤 选择土层深厚、疏松、湿润、有机质丰富且排灌方便的土壤。

分布： 中国大部分地区。主产于江苏、浙江、福建等地。

食用方法： 嫩茎叶洗净，焯水煮熟，之后舀出，晾干水分，加入适量调料即可。

饮食宜忌： 适宜常年风湿、咳嗽或痰多者或妇女白带量多且色黄者食用。

功效主治： 全草入药，有化痰止咳、祛风除湿的

花冠呈细管状，黄色

叶无柄，基部渐狭，稍下延，顶端圆钝

茎直立或基部长出的枝下部斜升

功效，常用于改善咳嗽痰多、气喘、消化性溃疡、感冒等症。

别名： 黄花曲草、清明菜、田艾 | **性味：** 性平，味甘、微酸 | **繁殖方式：** 播种 | **食用部位：** 嫩茎叶

款冬花

多年生草本。褐色的根状茎在地下匍匐生长。叶片基生，呈心形或卵形，叶端圆钝，叶缘有稀疏的波状锯齿，且锯齿端略带红色。头状花序，开黄色花，花冠呈舌状，花苞呈椭圆形，开花后呈下垂状。

生活习性： 性喜温暖、湿润的气候环境，夏季喜欢凉爽气候，适宜在疏松、肥沃、排水性良好的沙土中生长。

分布： 东北、华北、华东、西北地区和湖北、湖南、江西、贵州、云南（中甸、丽江和鹤庆）和西藏（察隅、米林、林芝和错那）等地。

食用方法：

①将嫩茎叶洗净，放入沸水中焯熟，捞出后加入适量盐，即可食用。

②嫩茎叶反复洗净，裹蛋糊油炸，极具风味。

饮食宜忌： 肺火盛者慎服，阴虚劳嗽者禁用。

功效主治： 嫩叶、花入药，具有润肺下气、化痰止咳的功效，常用于缓解咳嗽、喉痹、气喘、轻度支气管炎、肺炎等症。

花朵单生，花冠呈舌状，黄色

花茎直立，具柔毛，小叶约10片，互生

叶先端圆钝，叶缘有波状疏锯齿

别名： 艾冬花、九九花、菟奚、颗东 | **性味：** 性温，味辛、微苦 | **繁殖方式：** 播种 | **食用部位：** 嫩茎叶

菊芋

头状花序顶生，舌状花黄色

多年生草本，株高1~3米，直立生长，有分枝。地下茎呈块状、纤维状，还被有白色的短糙毛或刚毛。叶片对生，呈长椭圆形至阔披针形，叶端渐尖，呈短尾状，有叶柄。顶生头状花序，开黄色大花，花冠呈舌状。

生活习性： 耐寒抗旱，块茎可在冻土层中安全越冬。耐瘠薄，对土壤要求不严。温度为18~22℃，加上长时间光照，有利于块茎的形成。

分布： 中国大多数地区。

食用方法： 块茎可直接煮食或煲汤，也可在腌制或晒制后食用，还可用于提取淀粉。

饮食宜忌： 一般人群皆可食用，尤适宜热证、肠热出血、跌打损伤等患者。菊芋性凉，孕妇忌食。

功效主治： 块茎入药，具有清热凉血、消肿止痛的功效，常用来缓解咽喉肿痛、肠热泻血、跌打骨伤等。

叶通常对生，有叶柄，但上部叶互生

茎直立，有分枝，被白色短糙毛或刚毛

块状的地下茎及纤维状根，富含淀粉、菊糖等果糖多聚物

别名：五星草、洋羌、番羌 │ 性味：性凉，味甘、微苦 │ 繁殖方式：播种 │ 食用部位：块茎

一年蓬

舌状花白色，有时为淡天蓝色，管状花黄色

头状花序，排列成圆锥花序

一年生或二年生草本，株高30~100厘米，直立生长。茎部较粗壮，颜色为绿色。叶片呈长圆形、宽卵形或长圆状披针形，叶端尖锐，叶缘为不规则齿状。圆锥花序，由头状花序排列而成，花瓣为白色，有时为淡天蓝色，呈舌状，管状花为黄色。

生活习性：

温度　保持温度在16~25℃为宜。

光照　喜欢向阳的环境。

水分　适当灌溉，保证水分充足，勿使土壤干旱。

土壤　对土壤要求不高，但肥沃、疏松的土壤能使其生长旺盛，叶片肥嫩。

分布： 吉林、河北、山东、江苏、安徽、浙江、江西、福建、河南、湖北、湖南、四川及西藏等地。

食用方法：

①采集嫩茎叶，用沸水焯熟后加辣椒炒熟，密封腌渍一天后即可食用。

②采集新鲜的嫩茎叶，入沸水焯熟，沥干水分后曝晒，制成菜干，凉拌食用。

下部叶与基部叶同形，但叶柄较短

饮食宜忌： 全草入药，适宜消化不良或患有肠炎、痢疾的患者。

功效主治： 嫩茎叶入药，具有清热解毒、消食止泻的功效，常用于缓解消化不良、肠炎腹泻、疟疾、齿龈炎等症。

别名：女菀、野蒿、治疟草 │ 性味：性凉，味甘、苦 │ 繁殖方式：播种 │ 食用部位：嫩茎叶

刺儿菜

多年生草本，具匍匐根茎，高30~80厘米，直立生长。叶片呈椭圆形、长椭圆形或披针形，叶面、叶背均被薄茸毛，颜色均为绿色，或只在叶下部颜色稍淡。头状花序，开紫红色或白色小花，总苞片呈卵形、长卵形或卵圆形。

生活习性：

温度　最适宜的生长温度是10~20℃，最低温度不低于5℃，最高温度不超过30℃，超过25℃时生长变慢。

光照　喜欢长时间光照，光照吸收充足可以使其枝叶厚实，虽然是喜光植物，但是忌强烈的光照直射，强烈光照会使枝叶发黄、发蔫。

水分　花期需要干燥的土壤环境；对于其他时间，土壤需要较高的湿度。

土壤　土壤肥沃就能很好地生长，如果追求高产品质，可以选择偏酸的土壤。

分布： 中国东北、华北、西北、西南地区。

食用方法： 将嫩茎叶洗净，放入沸水中焯熟，捞出后加入适量盐，即可食用。

花朵单生于茎端，小花紫红色或白色

叶两面同色，绿色或下部色淡

饮食宜忌： 脾胃虚寒或体虚多病者慎食。

功效主治： 嫩苗入药，具有凉血止血，祛瘀消肿的功效，常用于缓解吐血、尿血、外伤出血等症。

别名：小蓟、青青草、蓟蓟草｜性味：性凉，味甘、微苦｜繁殖方式：播种｜食用部位：嫩茎叶

大刺儿菜

多年生草本，株高60~120厘米，直立生长。叶互生，为羽状分裂，茎上部叶基抱茎，茎基部叶有叶柄。头状花序，开紫红色或白色小花。

生活习性：

温度　最适宜的生长温度是15℃左右，最低温度不低于5℃，最高温度不超过30℃，超过25℃生长变慢。

光照　喜欢长时间光照，光照吸收充足，可以使其枝叶厚实。虽然是喜光植物，但是忌强烈的光照直射，强烈光照会使枝叶发黄、发蔫。

水分　生长发育期吸收充足水分，可以使植株生长快速。

土壤　土壤肥沃、深厚就能很好地生长。

分布： 中国华北、东北地区及陕西、河南等地。

食用方法： 嫩叶入沸水略烫，用水漂洗后可做蛋花汤。

饮食宜忌： 尤适宜吐血、鼻出血、尿血、子宫出

头状花序，单生或数个聚生于枝端，小花紫红色或白色

叶互生，茎基部叶具柄，茎上部叶基部抱茎

血、黄疸患者食用。

功效主治： 嫩叶入药，具有凉血止血、消肿散结的功效，主治吐血、鼻出血、尿血、黄疸、疮痈等症。

别名：大蓟、绛策尔那布｜性味：性凉，味甘、苦｜繁殖方式：播种｜食用部位：嫩叶

苦菜

头状花序顶生，花白色或黄色

叶片顶端圆钝或急尖

一年生草本，株高5~50厘米，直立生长，通常不分枝。叶片互生，呈长椭圆状披针形，叶端圆钝或急尖，叶基则环抱茎部，叶缘有稀疏的锯齿。顶生头状花序，开白色或黄色花，花瓣呈长圆状倒卵形。

生活习性：

温度 抗寒、耐热，适应性强，以15~25℃为宜。

光照 对光照要求低。

水分 保持水分充足，但不能积水，否则对根系发育不利。

土壤 以肥沃、排水性好的土壤为宜。

分布： 中国北部、东部和南部等地区。

食用方法： 将苦菜叶嫩芽洗净后焯水，与小红萝卜片、蒜蓉一起倒入大碗中，调入盐、鸡精、白醋和香油搅拌均匀，静置2分钟，待叶子变软即可食用。

饮食宜忌： 脾胃虚寒者忌食，适宜肠炎、盲肠炎、产后腹痛或咽喉肿痛的患者。

功效主治： 全草入药，具有清凉解毒、消肿止痛、凉血止血的功效，常用于缓解肠炎、急慢性结肠炎、结膜炎等症。

别名：苦苣菜、苦麻菜、中华苦荬菜 | 性味：性寒，味苦 | 繁殖方式：播种 | 食用部位：嫩芽、嫩叶

抱茎苦荬菜

头状花序构成圆锥花序，舌状花多数，黄色

花药黄色，上端具细茸毛

一年生或二年生草本，株高20~100厘米。根呈细圆锥状。分枝集中在茎上部。叶片呈长圆形，叶柄则较短。头状花序构成圆锥花序，开黄色舌状花，花上端还长有细茸毛。黑色的果实上长有细纵棱。

生活习性：

温度 适宜生长温度在20℃左右。

光照 对光照适应性强，但在强光下容易老化。

水分 对水分要求较多，但不耐积水。

土壤 对土壤要求不高，在湿润、营养丰富的沙壤土中生长旺盛。

分布： 中国东北、华北、华东和华南等地区。

食用方法： 洗净后，将嫩茎叶用来煮汤喝，其味道略有苦味，吃的时候可以加些红糖，味道鲜美，清香爽口。

饮食宜忌： 一般人群皆可食用，尤适宜头痛、牙痛、吐血、痢疾或泄泻患者。

功效主治： 全草入药，鲜品捣敷或熏洗于患处，具有活血止痛的作用，可缓解牙痛、头痛、胃痛等症状。

别名：抱茎小苦荬、苦碟子、盘尔草 | 性味：性微寒，味苦、辛 | 繁殖方式：播种 | 食用部位：嫩茎叶

旋覆花

多年生草本，株高30~70厘米。茎为绿色或紫色，其上还有细纵沟。叶片互生，呈椭圆形或椭圆状披针形，叶端较尖，叶基稍窄，叶缘有细锯齿，绿色，被稀疏的糙毛。伞房花序，开黄色的舌状花。

生活习性：

温度　喜欢温暖、湿润的气候，生长温度以18~25℃为宜。

光照　对光照要求不高，夏季不要长时间暴晒即可。

水分　旋覆花根系极强，因此吸水力强，故生长迅速、自繁能力强。

土壤　适宜疏松肥沃、排水性良好的沙土。

分布：主产于河南、河北、江苏、浙江、安徽等地，极为常见。

品种鉴别：

①普通变种：茎较高，达70厘米，有4~10个头状花序，叶下面和总苞片被疏贴毛或短柔毛，分布较广。

②少花的变型：茎较低矮，头状花序1~4个，常较大，叶下面及总苞片被疏贴毛或短柔毛，分布地区大致和旋覆花相同。

③多毛的变型：茎较低矮，头状花序1~4个，或茎较高大而头状花序较多数，叶下面，特别是沿脉和总苞外面被白色绢毛或长柔毛，曾被视为一个不同的品种。

④多枝的变型：茎较高大，通常高70~100厘米，上部有多数分枝；叶长披针形或线状披针形，头状花序多数，一般有12~30个，直径2~2.5厘米，总苞直径1~1.3厘米，叶下面和外层总苞片被密柔毛或绢毛。

食用方法：

①嫩茎叶洗净后用沸水汆烫2分钟，用

疏散的伞房花序，舌状花黄色

茎单生，直立，具细纵沟

叶片上面有疏毛或近无毛，下面有疏伏毛和腺点

清水浸泡，捞出沥干后，加入调料凉拌，即可食用。

②清洗干净后，将嫩茎叶煮汤喝，其味道略有苦味，清香爽口。

饮食宜忌：阴虚劳嗽或风热燥咳者禁服。

功效主治：全草入药，具有降气消痰、行水止呕的功效，一般可适当缓解风寒咳嗽、痰饮蓄结、胸膈痞闷、喘咳痰多、呕吐嗳气、心下痞硬等症。

别名：金沸草、六月菊、满天星 | 性味：性微温，味苦、辛 | 繁殖方式：播种、分株 | 食用部位：嫩茎叶

牛膝菊

一年生草本，株高10~80厘米。茎部纤细，被短柔毛和腺毛。叶片对生，呈卵形或长椭圆状卵形，被白色短柔毛，叶缘有钝锯齿。顶生头状花序，头状花序构成疏松的伞房花序，花梗较长。

生活习性： 喜温，喜水，喜肥，但不耐热。

分布： 中国南方地区，北方部分地区也有。

食用方法：

①采集嫩茎叶洗净，作为火锅素菜，十分可口。

②采集嫩茎叶洗净，用沸水烫后过冷水漂洗；起锅烧油，加入鸡蛋，放入牛膝菊翻炒即可。

饮食宜忌： 一般人群皆可食用，尤适宜扁桃体炎、急性黄疸型肝炎、支气管哮喘的患者。

功效主治： 全草入药，具有清热解毒、消炎杀菌的作用，常用于缓解扁桃体炎、咽喉炎、黄疸型肝炎及发热不适等症。

头状花序半球形，有长花梗

茎纤细，分枝斜升，疏被短柔毛

叶片基部圆形、宽或狭楔形，顶端渐尖或钝

别名： 辣子草、向阳花、珍珠草、铜锤草 | **性味：** 性平，味淡 | **繁殖方式：** 播种 | **食用部位：** 嫩茎叶

秋英

一年生或多年生草本，株高1~2米。根呈纺锤状，须根较多。茎部一般无毛，但有时也稍被柔毛。叶片呈线形或丝状线形。头状花序，开紫红色、粉红色或白色的舌状花，花瓣呈椭圆状倒卵形。

生活习性： 喜温，喜水，喜肥，但不耐热。

分布： 中国大部分地区。

食用方法：

①嫩茎叶洗净后，入沸水锅中焯熟，捞出用清水漂洗，加食用油、盐炒熟，即可食用。

②嫩茎叶洗净后，加入大米，熬煮成粥即成。

饮食宜忌： 尤适宜慢性痢疾或目赤肿

头状花序单生，舌状花紫红色、粉红色或白色

茎无毛或稍被柔毛

叶二回羽状深裂，裂片线形或丝状线形

痛患者。脾胃虚寒者忌食，且不可久食。

功效主治： 全草入药，具有清热解毒、明目化湿的功效，常用于缓解急慢性痢疾、目赤肿痛等症。

别名： 波斯菊、秋樱、八瓣梅 | **性味：** 性平，味甘 | **繁殖方式：** 播种、扦插 | **食用部位：** 嫩茎叶

野菊

多年生草本，株高25~100厘米，有分枝。根茎粗壮肥厚，地下也长有匍匐茎。叶互生，基生叶和下部叶花期脱落。中部叶呈卵状三角形或卵状椭圆形，叶缘有锯齿。由头状花序组成聚伞状花序，开黄色小花，花瓣的边缘呈舌状。

生活习性：

温度　野菊的生长温度是18℃～32℃，其种子的发芽温度应该在12℃～25℃。

光照　适合生长在光照充足的环境中，但阳光太强就该给它遮阴。

水分　生长期需要适当的水分，以保持湿润为度，勿使土壤干旱。

土壤　选择松软肥沃、排水性良好的沙土，以偏酸性的土壤为宜。

分布： 中国东北、华北、华中、华南等地区。

食用方法：

①蒜去皮洗净，捣成蒜泥备用；将野菊花嫩茎叶去杂洗净，在沸水锅中焯一下，捞出泡入冷水中，洗去苦味，30分钟后捞出沥水，切段放入盘内，浇上蒜泥、

头状花序组成聚伞状，花小，黄色

基生叶和下部叶花期脱落

根茎粗壮，有分枝，地下长有长或短的匍匐茎

香油，撒上盐、味精和白糖，拌匀即可。

②豆根、野菊、蒲公英加水适量，煎煮约20分钟，滤渣取汁，加白糖搅匀即可。

饮食宜忌： 经常有胃痛、腹痛等症状的脾胃虚寒者或有其他虚寒之象者忌食。长期服用或用量过大，可伤脾胃阳气，出现胃部不适、胃纳欠佳、肠鸣、大便稀烂等不良反应。

功效主治： 全草入药，具有清热解毒、疏风凉肝的功效，常用来缓解风热感冒、咽喉肿痛、原发性高血压、气管炎、湿疹等症。

别名：野菊花、野黄菊、路边黄 | 性味：性微寒，味苦、辛 | 繁殖方式：播种、分株 | 食用部位：嫩茎叶

红花

一年生草本，株高20~150厘米，直立生长。茎枝光滑无毛，颜色为白色或淡白色，分枝多集中在茎上部。叶片呈披针形或长椭圆形，叶缘有锯齿，齿端有针刺，叶片则很少为羽状深裂，质地坚硬，革质。头状花序构成伞房花序，花序被苞叶包围；苞叶的边缘有针刺，开红色、橘红色花。花果期为5~8月。乳白色的瘦果呈倒卵形，上面共有4棱。

生活习性：

温度 对温度的适应范围较宽，在4~35℃均能萌芽和生长。种子发芽的最适宜温度为25~30℃，植株生长最适宜温度为20~25℃。

光照 充足的光照条件，使红花发育良好，籽粒充实饱满。

水分 保持湿润为度，勿使土壤干旱。

土壤 虽能生长在各种类型土壤中，但仍以土层深厚、排水性良好的肥沃中性壤土为宜。

分布： 河南、甘肃、四川、新疆、西藏等地。

食用方法：

①嫩叶洗净后入沸水焯一下，盐渍后速冻保鲜，做凉菜食用。

②嫩叶洗净后，加入大米，熬煮成粥。

饮食宜忌： 红花与藏红花性味不同，药效也不相同。孕妇忌食。

功效主治： 花朵入药，具有活血通经、散瘀止痛的功效，可适当缓解闭经、痛经、恶露不行、瘀滞腹痛、跌打损伤等症。

叶质地坚硬，革质，两面无毛、无腺点，有光泽

茎直立，基部木质化，上部多分枝

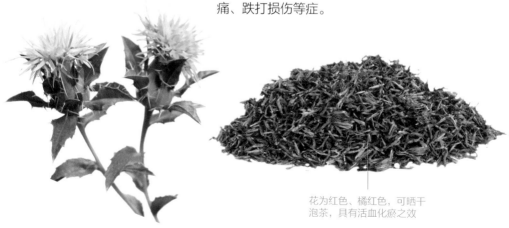

花为红色、橘红色，可晒干泡茶，具有活血化瘀之效

别名：草红花、红蓝花、刺红花 | 性味：性温，味辛 | 繁殖方式：播种 | 食用部位：嫩叶

鸦葱

多年生草本，高10~42厘米，直立生长，不分枝。黑褐色的根向下垂直延伸。茎簇生，外表光滑无毛。叶片基生，呈线状披针形或长椭圆形，还有少数鳞片状的茎生叶，呈披针形或钻状披针形，叶基呈心形，半抱茎。顶生头状花序，开黄色舌状小花。

生活习性：喜温暖、湿润的环境，也耐干旱。

分布：中国华北、东北、华东及西北等地区。

食用方法：

①将嫩茎叶洗净，放入沸水中焯熟，捞出加入适量盐，即可食用。

②嫩茎叶洗净，入沸水焯烫，捞出漂净，加入肉片炒熟，即可食用。

饮食宜忌：适宜疗疮痈疽、乳痈、跌打损伤、劳伤等病症。

功效主治：全草入药，

基生叶呈线状披针形或长椭圆形

花朵单生于茎端，舌状小花黄色

具有清热解毒、消肿散结的功效，用于缓解疔疮痈疽、乳痈、跌打损伤等症。

别名：罗罗葱、谷罗葱、笔管草 | 性味：性寒，味苦、辛 | 繁殖方式：根茎分株、播种
食用部位：嫩茎叶

黄鹌菜

多年生草本，高10~100厘米，直立生长。叶片基生，为大头羽状深裂或全裂，呈倒披针形，叶缘有波状齿，叶柄上还略微带翅。头状花序可构成伞房状、圆锥状和聚伞状花序。

生活习性：

温度　温度没有太多要求，具有很强的适应性。

光照　适应性较强，对光照没有太多要求。

水分　水分适当即可，具有很强的适应性。

土壤　适合肥沃、排水性良好的土壤。

分布：北京、陕西、甘肃、山东、江苏、安徽、浙江、江西、福建、河南、湖北、湖南、广东、广西、四川、云南、西藏等地。

食用方法：

①将嫩茎叶洗净，放入沸水中焯熟，捞出加入适量盐，即可食用。

②嫩茎叶择洗干净，入沸水焯烫，捞出漂净，加肉片炒熟，即可食用。

饮食宜忌：一般人群皆可食用，尤适宜感冒、咽痛、结膜炎、牙痛、疮疖肿

全部叶及叶柄被皱波状长或短柔毛

毒或风湿关节炎的患者。

功效主治：嫩茎叶入药，具有清热解毒、利水消肿、止痛的功效。

别名：毛连连、野芥菜、野青菜 | 性味：性凉，味甘、微苦 | 繁殖方式：播种 | 食用部位：嫩茎叶

茵陈蒿

亚灌木状草本，株高40~120厘米或更长，全株散发奇异的香味。茎呈细小状。叶丛密集，叶片柔软，为2~3回羽状全裂，每裂片再3~5回全裂，裂片呈卵圆形或卵状椭圆形，叶面上几乎无毛，叶端稍尖。头状花序，呈卵球形。

小裂片狭线形或狭线状披针形，通常细直

裂片呈卵圆形或卵状椭圆形

生活习性：

温度 喜温暖，最适宜的生长温度为12~18℃，温度高于30℃时茎秆易老化、抽枝，温度低于−3℃时宿根生长受限。

光照 喜光照充足的环境，光照充足时植株生长茂密，长期在荫蔽的环境下植株生长不良，高温季节忌长时间暴晒。

水分 浇水不宜过多，以保持土壤稍微湿润最好。

土壤 对土壤要求不高，但以疏松深厚、透气性好且富含有机质的中性土壤为佳。

分布：辽宁、河北、陕西、山东、江苏、安徽、浙江、江西、福建、台湾、河南、湖北、湖南、广东、广西及四川等地。

食用方法：

①将嫩茎叶洗净，放入沸水中焯熟，捞出加入适量盐，即可食用。

②嫩茎叶择洗干净，入沸水焯烫，捞出过凉，加入肉片炒熟，即可食用。

饮食宜忌：一般人群皆可食用，过敏体质的人群慎用。

功效主治：嫩叶入药，常用于缓解感冒发热、惊风、黄疸型肝炎、神志昏迷、高热不退、尿路结石、肝胆湿热、湿疹等症，具有清热、解毒、利湿的功效。同时，也特别适合高血压患者食用。

別名：茵陈、绵茵陈、绒蒿 | 性味：性微寒，味微苦、微辛 | 繁殖方式：播种 | 食用部位：嫩茎叶

金盏菊

一年生草本，株高20~75厘米。整个植株被有白色茸毛。单叶互生，叶片呈椭圆形或椭圆状倒卵形。顶生头状花序，开金黄色或橘黄色大花，呈舌状。

头状花序单生于茎顶，金黄色或橘黄色

基生叶长圆状倒卵形或匙形

基部分枝，多少被腺状柔毛

生活习性：

温度 15~25℃的温度最利于生长。具有一定的耐寒能力，小苗冬季可忍耐-9℃的低温环境，成年的植株可忍耐0℃。

光照 不喜强烈阳光，阳光直射后会造成叶片明显变小，底部叶片发黄、脱落等。

水分 空气湿度不宜太高，否则容易遭受病虫侵害。

土壤 对土壤的要求不高，一般土质均可生长，尤其适合疏松、富含营养的微酸性土壤。

分布：中国各地。

食用方法：

①金盏菊鲜花洗净、晒干后，可冲泡茶饮，气味清香。

②金盏菊鲜花，可直接放在沙拉里面生吃。

饮食宜忌：尤适宜面部痤疮、晒伤烫伤、疤痕、疝气或肠风便血的患者。金盏菊性寒，孕妇忌食。

功效主治：全草入药，具有清热解毒、活血调经的功效。此外，金盏菊的花和叶还可调理肌肤、改善敏感肤质。适合月经不调和中耳炎患者食用。

别名：金盏花、黄金盏、长生菊 | 性味：性寒，味苦 | 繁殖方式：播种 | 食用部位：花朵

紫菀

多年生草本，株高40~50厘米。根状茎较粗壮，向上倾斜生长。叶片呈长圆状或椭圆状匙形，叶缘有圆齿或浅齿，上被短糙毛，茎基部叶片到花期还会脱落。头状花序，开蓝紫色花，花瓣呈舌状。

生活习性：喜温暖、湿润气候，耐涝、怕干旱，耐寒性较强。

分布：河北、内蒙古和东北三省等地区。

食用方法：

①将嫩茎叶洗净，放入沸水中焯熟，捞出加入适量盐，即可食用。

②嫩茎叶择洗干净，入沸水焯烫，捞出漂净，加入肉片炒熟，即可食用。

饮食宜忌：一般人群皆可食用，尤适宜咳嗽、肺虚劳嗽、肺痿肺痈、咳吐脓血或小便不利等患者。有实热者慎服。

功效主治：根、花入药，具有润肺下气、化痰止咳的作用，常用于缓解肺虚、小便不利、痰多咳嗽等症。

头状花序多数，舌状花蓝紫色

叶片厚纸质，上面被短糙毛

茎直立，粗壮，疏生短糙毛

别名：青菀、紫倩、青牛舌头花 | **性味：**性微温，味苦、辛、甘 | **繁殖方式：**播种、扦插 | **食用部位：**嫩茎叶

牛蒡

二年生草本，株高可达2米，直立生长。根肉质，较粗大，垂直生长，长可达15厘米。茎呈紫红色或淡紫红色。叶片基生，呈宽卵形，叶缘有稀疏的浅波状凹齿，叶基呈心形。伞房花序，开紫红色小花。浅褐色的瘦果呈倒长卵形或偏斜倒长卵形。

生活习性：喜温暖、湿润的气候，耐寒、耐热。

分布：山东、江苏、陕西、河南、湖北、安徽、浙江等地。

食用方法：

①肉质根可炒食、煮食或生食。

②嫩茎叶可以炒食或做汤。

饮食宜忌：脾虚便溏者禁食，孕妇、产妇或处于月经期的女性及高血压患者都应该慎食。

功效主治：根茎入药，具有疏散风热、宣肺透疹的功效，可缓解风热感冒、咳嗽、咽喉肿痛、疮疖肿毒、脚癣、湿疹等。

伞房花序，小花紫红色

茎直立，有多数高起的条棱

基生叶宽卵形，边缘具浅波状凹齿

别名：山牛蒡、蒡翁菜、东洋参、牛菜 | **性味：**性寒，味辛、苦 | **繁殖方式：**播种 | **食用部位：**肉质根、嫩茎叶

鬼针草

一年生草本，直立生长。叶片呈椭圆形或卵状椭圆形，叶端尖锐，叶基近圆形或呈阔楔形，叶缘有锯齿，具短柄。头状花序，花为管状两性花。

生活习性： 鬼针草喜温暖、湿润的气候，以疏松、肥沃、富含腐殖质的沙壤土及黏壤土为宜。

分布： 中国华东、华中、华南、西南地区。一般生于村旁、路边及荒地中。

品种鉴别： 白花鬼针草与鬼针草的区别主要在于，头状花序边缘具舌状花5~7枚，舌片椭圆状倒卵形，白色，长5~8毫米，宽3.5~5毫米，先端圆钝或有缺刻。

食用方法：

①嫩茎叶洗净去根，加沸水焯熟后，捞出用清水漂洗，加油、盐炒熟，即可食用。

②嫩茎叶洗净后，入沸水锅焯熟，捞出加入香油、醋、盐、白糖，凉拌即可。

饮食宜忌： 适宜咽喉肿痛、蛇虫咬伤、跌打损伤、痢疾、黄疸或慢性溃疡患者。孕妇忌食。

功效主治： 嫩茎叶入药，具有清热解毒、活血消肿的作用，可缓解蛇虫咬伤、黄疸、跌打损伤、风湿痹痛等症。

总苞基部被短柔毛，条状匙形，上部稍宽

叶对生，边缘稍向上反卷

别名： 鬼钗草、蟹钳草、对叉草 | **性味：** 性微寒，味苦 | **繁殖方式：** 播种 | **食用部位：** 嫩茎叶

小花鬼针草

一年生草本，株高20~90厘米。茎部一般无毛，但有时也被稀疏的短柔毛。叶为2~3回羽状分裂，叶片对生，叶端尖锐，叶缘则稍卷曲，叶上部被短柔毛，下部一般无毛，只有少数在叶脉周围被稀疏的柔毛。头状花序，单生于茎端及枝端，小花黄色。

生活习性： 喜温暖、湿润的气候。以疏松、肥沃、富含腐殖质的黏土为宜。

分布： 中国东北、华北、西北、西南等地区。

食用方法： 嫩茎叶洗净去根，入沸水锅焯熟后，捞出用清水漂洗，加油、盐炒熟，即可食用。

饮食宜忌： 一般人群皆可食用，孕妇忌食。

功效主治： 嫩茎叶入药，具有清热解毒、活血利尿、散瘀消肿的功效，常用于缓解感冒发热、咽喉肿痛、疥疮、跌打损伤、蛇咬伤等症，还能适当缓解支气管炎。

内层苞片稀疏，常仅1枚，托片状

叶片上面被短柔毛，下面无毛或沿叶脉被稀疏柔毛

别名： 小鬼叉 | **性味：** 性凉，味苦 | **繁殖方式：** 播种 | **食用部位：** 嫩茎叶

狼杷草

一年生草本。叶为3~5回羽状分裂，叶对生，呈椭圆形或长椭圆状披针形，叶缘有锯齿，叶柄长有狭翅，叶面则光滑无毛。顶生或腋生头状花序，开黄色的筒状两性花。

生活习性： 喜酸性至中性土壤，也耐盐碱，生长于低湿地。

分布： 中国华北、华东、西南、东北等地区。

食用方法：

①嫩茎叶洗净，入沸水焯烫，捞出洗净后加入白糖、盐、香油凉拌，即可食用。

②将嫩茎叶洗净，入沸水烫2分钟，捞出沥干。起锅热油，加入鸡胸肉片，半熟后加入嫩茎叶，翻炒至全熟后盛出。

主要价值： 狼杷草在开花前，枝叶柔嫩多汁，无毛。但因稍有异味，畜禽多避而不食，经切碎、蒸煮后，猪一般喜食，鹅、鸭、鸡也采食，青干草或霜打后的枯草，可饲喂牛、羊、马、骆驼等。加工成干草

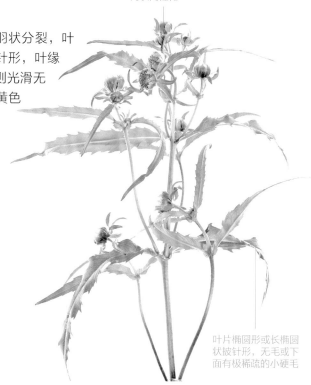

无舌状花，全为筒状两性花

叶片椭圆形或长椭圆状披针形，无毛或下面有极稀疏的小硬毛

粉，可作为制作饲料的原料。狼杷草干草中的粗蛋白质含量较高，粗纤维含量较低，其籽实含有较高的粗蛋白质，无毒，且可作为精饲料。

性状鉴别：

①药材：茎略呈方形，由基部分枝，节上生根，表面绿色略带紫红色。叶对生，叶柄具狭翅，中部叶常为羽状分裂，裂片椭圆形或矩圆状披针形，边缘有锯齿；上部叶3裂或不分裂，头状花序顶生或腋生，花黄棕色，无舌状花。

②饮片：本品为茎、叶、花、果混合的段状。茎圆柱形，有纵皱纹，表面暗绿色或暗紫色，切面中央有白色髓。叶多皱缩或破碎，呈绿色或黄绿色，边缘有锯齿。气微，味苦。

饮食宜忌： 一般人群皆可食用，尤适宜咽喉肿痛、肠炎、痢疾或肝炎患者食用。

功效主治： 嫩茎叶入药，具有清热解毒、养阴敛汗的功效，常用于缓解感冒、月经不调、肝炎、痢疾、黄疸等症，还可用于体虚、乏力、倦怠的患者。

別名：郎耶菜、狼耙草、郎耶草 | 性味：性凉，味甘、微苦 | 繁殖方式：播种 | 食用部位：嫩茎叶

地榆

多年生草本，株高30~120厘米，直立生长。茎上有棱，一般无毛，但有时基部也有稀疏腺毛。羽状复叶基生，有小叶4~6对，叶片呈卵形或长圆状卵形，叶缘的锯齿粗大圆钝。穗状花序椭圆形、圆柱形或卵球形，直立。宿存萼筒内有瘦果，呈倒卵状长圆形或近圆形。

生活习性：

温度　适宜温度在15~30℃，最适宜的生长温度在20~25℃。

光照　喜光，要保证吸收充分的光照。

水分　以保持湿润为度，勿使土壤干旱。

土壤　最好是富有机质的沙壤土，土壤的土层最好是上松下实，这种土壤的保肥力和保水力较强。最后就是种植地土质没有污染、水资源丰富即可。

分布：中国大部分地区，主产于江苏、安徽、河南、河北、浙江等地。

食用方法：

①将采摘的地榆根用水洗净，浸泡半天后，切成厚片，晒干泡水饮用。

②将地榆嫩叶择净，放入锅中，加清水适量，浸泡5~10分钟后；水煎取汁，加大米煮粥，待粥熟后加入白糖，再煮5分钟即可。

饮食宜忌：脾胃虚寒、寒性泄泻的患者不宜多食。

功效主治：嫩叶、嫩花

叶片边缘有多数粗大圆钝的稀急尖锯齿

茎直立，有棱，无毛或基部有稀疏腺毛

穗入药，具有凉血止血、清热解毒、消肿敛疮的功效，可缓解吐血、咯血、便血、崩漏、血痢、痈肿疮毒等病症。

瘦果呈倒卵状长圆形或近圆形

别名：黄瓜香、山地瓜、血箭草 │ 性味：性微寒，味苦、酸、涩 │ 繁殖方式：播种、分根
食用部位：嫩叶、根

龙芽草

多年生草本，株高30~120厘米。块状根会长出许多侧根。茎被稀疏的短柔毛。叶片为间断的奇数羽状复叶，有3~4对小叶，叶片呈倒卵形、倒卵椭圆形或倒卵披针形。顶生穗状花序，开黄色花，花瓣呈长圆形。

花序穗状顶生，花瓣黄色

生活习性：

温度　25℃是最适合生长和保持茎叶健康的温度。冬季应注意保温，可在大棚、温室中栽培，也可在其顶部覆盖透明薄膜。

光照　光照要求不高。

水分　喜温、喜湿，及时浇水必不可少。但也不宜过多，保持在夏季每2~3天一次、冬季每4~5天一次的频率即可。浇水时应控制喷洒的水量，防止出现烂根的情况。

土壤　不适合生长在排水性不良的土壤中。以肥沃、土层深厚且疏松的沙土为宜。

分布：中国各地。

品种鉴别：黄龙尾这个变种与龙芽草区别在于，茎

叶为间断的奇数羽状复叶，叶柄被稀疏柔毛

下部密被粗硬毛，叶上面脉上被长硬毛或微硬毛，脉间密被柔毛。

食用方法：

①采摘嫩茎叶，洗净后入沸水焯烫，拌面蒸食，蘸蒜汁食用即可。

②采摘嫩茎叶后洗净，入沸水焯烫后捞出，放入蒜、葱和肉片，炒食即成。

饮食宜忌：一般人群皆可食用，尤适宜妇女月经不调、红崩白带、胃寒腹痛、赤白痢疾、吐血或咯血的患者。

功效主治：嫩茎叶入药，其含有多种营养成分，具有止血、健胃、止痢的功效，用于大部分血症。主要

用于咳血、吐血、尿血、便血等病症，也用于痢疾、便下脓血等病症，还用于崩漏或赤白带下等出血症。

小苞片对生，卵形

委陵菜

多年生草本，株高20~70厘米，直立生长。根略微木质化，呈圆柱形，较粗壮。叶为羽状复叶，叶片绿色，叶缘锐裂。伞房状聚伞花序，开黄色花，花瓣呈宽倒卵形，花萼片呈三角卵形，花瓣顶端微凹，但也比花萼片略长。深褐色瘦果，有明显皱纹。

生活习性：喜温暖、湿润的环境，耐瘠薄，耐旱，耐热，但不耐寒。在空气较干燥、土壤湿润的环境中生长旺盛。

分布：中国各地，主要生长于山坡草地、沟谷、林缘、灌丛或疏林下。

食用方法：

①嫩叶可凉拌或清炒。

②块根可生食或煮食，也可磨成面粉，掺入主食。

饮食宜忌：慢性腹泻及体虚者慎用。孕妇禁食，否则容易引起胎动不安。

功效主治：全草入药，具有清热解毒、凉血止痢、祛风除湿的功效，常用于缓解赤痢腹痛、久痢不止、痔疮出血、痈肿疮毒等症。

上部小叶较长，向下逐渐减小

花瓣黄色，宽倒卵形

别名：翻白菜、白头翁、蛤蟆草 | 性味：性寒，味苦 | 繁殖方式：播种 | 食用部位：嫩叶、块根

朝天委陵菜

一年生或二年生草本。主根细长，侧根稀疏。小叶呈长圆形或倒卵状长圆形，叶面、叶背皆为绿色，有时上面还被有稀疏的柔毛。开黄色花，花瓣呈倒卵形，萼片则呈三角卵形或椭圆披针形。

生活习性：

温度　在20~25℃生长较好。

光照　喜光，光照每天宜14小时，光照强度1500勒克斯为宜。

水分　以保持湿润为度，勿使土壤干旱。

土壤　对土壤没有太高的要求，一般的沙质土或壤土均可。

分布：中国东北、华北、西南、西北、华中地区。

食用方法：

①嫩茎叶洗净，入沸水焯烫，捞出炒食。

②块根可煮粥，也可酿酒、药用。

饮食宜忌：胃肠功能不全或脾胃虚寒者禁食。

功效主治：嫩茎叶入药，具有清热利湿、收敛止血的作用，可缓解感冒发热、肠炎、血热出血、蛇虫咬伤等症。

花单生，花瓣5枚，倒卵形，黄色

茎平铺或斜升，疏生柔毛

小叶顶端圆钝或急尖，基部楔形或宽楔形

别名：伏委陵菜、仰卧委陵菜、鸡毛菜 | 性味：性寒，味苦 | 繁殖方式：播种 | 食用部位：嫩茎叶、块根

蕨麻

多年生草本，匍匐生长，植株平铺在地面上，似网状。根部含有丰富的淀粉。叶基生，为羽状复叶，有6~11对小叶，叶片呈长圆状倒卵形、长圆形，叶缘有尖锐锯齿，没有叶柄。单花腋生，开鲜黄色花，呈倒卵形。

分布：中国各地。

品种鉴别：

①灰叶蕨麻：该变种植株呈灰白色，叶柄、花茎被平展白色绢状柔毛，小叶两面密被紧贴灰白色绢状柔毛，上面比下面毛疏，呈灰绿色。

②无毛蕨麻：该变种与原变种的不同在于，小叶下面仅在脉上被紧贴柔毛，其余均被明显白色茸毛，小叶两面均为绿色，下面仅被稀疏平铺柔毛，或脱落，几乎无毛。

食用方法：

①嫩茎叶洗净，用沸水焯一下，再用冷水浸泡后可炒食。

②块根可煮粥。

饮食宜忌：一般人群皆可食用，尤适宜疟疾、痢或疥疮患者。有痰饮、积滞及宿食内停者慎食。

功效主治：嫩苗入药，具有清热解毒、健脾益胃、生津止渴、收敛止血的功效。

花鲜黄色，单生于叶腋抽出的长花梗上

叶丛直立状生长，羽状复叶，叶片呈长圆状倒卵形、长圆形

> 别名：鹅绒委陵菜、鸭子巴掌菜 | 性味：性凉，味甘、苦 | 繁殖方式：播种 | 食用部位：嫩茎叶、根块

虎耳草

多年生草本，高8~45厘米。叶基生，呈心形、肾形至扁圆形，叶端圆钝或急尖，叶基则呈近截形、圆形至心形；叶面为绿色，叶背则常为红紫色，有斑点，同时被腺毛；此外，叶柄也较长。

生活习性：喜阴凉潮湿环境，喜肥沃、湿润的土壤。

分布：中国华东、中南、西南等地区。生产于河北、陕西、甘肃等地。

食用方法：

①嫩茎叶洗净后，锅中入沸水焯熟捞出，加入芝麻油、醋、盐，凉拌食用。

②嫩茎叶洗净后，加入大米，熬煮成粥即可。

饮食宜忌：虎耳草性寒，孕妇慎食，且含有毒素，需要注意食用量。

功效主治：全草入药，具有消肿止痛、清热解毒的功效。虎耳草自古就是治疗中耳炎的常用药草，将新鲜的虎耳草捣汁后滴入耳内即可，还可缓解吐血、血崩、冻疮溃烂等症。

叶具长柄，叶片呈心形、肾形至扁圆形

腹面绿色，被腺毛

> 别名：金丝荷叶、耳朵红、老虎耳、石荷叶 | 性味：性寒，味辛、苦 | 繁殖方式：分株 | 食用部位：嫩茎叶

猪殃殃

多枝、蔓生或攀缘状草本，株高30~90厘米。叶片轮生，呈带状倒披针形或长圆状倒披针形，常被刺状毛，无叶柄。腋生或顶生聚伞花序，开黄绿色或白色小花，裂片呈矩圆形。

生活习性：

温度 一般在8月底或9月上旬，气温降至19℃以下时猪殃殃开始出土；10月中下旬和11月气温降至11~16℃时为出土高峰期；部分在次年3月气温上升到3℃以上时出土。

光照 生长对光照要求不高，光照充足生长更佳，但也有较显著的耐阴能力。

水分 喜湿润环境，生长期以见干见湿为宜。

土壤 对土壤要求不高，但是深厚、肥沃、湿润的土壤能使其生长旺盛。

分布：中国除海南及南海诸岛外，各地均有分布。

食用方法：

①猪殃殃嫩茎叶洗净后沥干，加入蒸熟的土豆泥中，按压成饼，放入平底锅中煎成金黄色即可。

②选取鲜嫩的叶尖，用沸水烫熟后，加香油、酱油、醋、辣椒油、芥末、姜汁等调料，制成凉拌菜。

饮食宜忌：适宜感冒、牙龈出血、慢性阑尾炎、闭经、痛经、跌打损伤等症的患者食用。

功效主治：全草入药，具有清热解毒、消炎消肿、凉血止血、活血化瘀的功效。

聚伞花序腋生或顶生，花小，花冠黄绿色或白色

叶片呈带状倒披针形或长圆状倒披针形，顶端有凸尖头

别名：拉拉藤、锯锯藤、八仙草 | 性味：性凉，味辛、苦 | 繁殖方式：播种 | 食用部位：嫩茎叶

小苍兰

多年生草本。叶片呈剑形或条形，还略呈弯曲状，颜色为黄绿色。花茎直立，花色多样，有黄、白、紫、红、粉红等色，散发着香味。花被呈喇叭状，花被片排成2轮，外轮花被片呈卵圆形或椭圆形，内轮花被片则较短狭。

花色多样，有香味

花被裂片6枚，2轮排列，雄蕊3枚

茎直立

生活习性：

温度 性喜温暖，15℃以下的低温能打破种子的休眠状态，生长适温为15~25℃。当气温高于30℃时，植株分枝力减弱，枝干木质化加快。

光照 对光照要求不高，光照充足生长更佳，但不能在强光、高温下生长，有较显著的耐阴能力。

水分 对水分的要求很高，既怕潮湿，又不耐干旱；如果土壤中含水过多，非常容易造成烂根，而如果土壤缺水严重，植株生长也会受到阻碍，叶色容易失去光泽，影响开花。

土壤 对土壤的要求并不高，一般的园土就可满足需求，喜疏松肥沃、排水性良好的沙土。

分布： 中国南方各地多露天生长，北方各地多盆栽。

品种鉴别：

①白花小苍兰：叶片与苞片均较宽，花大，纯白色，花被裂片近等大，花筒渐狭，内部黄色。

②鹅黄小苍兰：叶阔披针形，4~5枚，长约15厘米，宽1.5厘米，基部呈白色膜质的叶鞘，花宽短呈钟状，有铃兰般的香气，花大，鲜黄色，花被片边缘及喉部带橙红色，一穗有花3~7朵。

食用方法： 花朵晒干后可泡茶饮，也可与其他花朵一同泡饮，效果更佳。

饮食宜忌： 一般人群皆可食用，尤适宜失眠多梦、心神不宁、崩漏痢疾、外伤出血或吐血便血的患者。

功效主治： 花朵入药，性温、味苦，具有清热解毒、凉血止血的功效，常用于缓解吐血、便血、崩漏、痢疾、外伤出血、蛇咬伤等症。

别名：香雪兰、小菖兰、洋晚香玉 | 性味：性凉，味苦 | 繁殖方式：分株、播种、球茎 | 食用部位：花朵

美人蕉

多年生粗壮草本，株高可达1.5米，植株为绿色。叶片呈卵状长圆形。总状花序，开颜色鲜艳的花，花朵稀疏，绿色的苞片呈卵形，长3厘米的唇瓣则呈披针形，略弯曲，成熟的雄蕊约2.5厘米长。

生活习性：

温度　养护温度在15~30℃，冬季温度最好在10℃左右，夏季温度最好不要高于40℃。

光照　非常喜欢光照，光照时长每天在5~7小时为宜。

水分　对水分的要求不是很高，平时经常给其浇水，夏季一周浇2~3次为宜，花期适当减少浇水量。

土壤　美人蕉对土壤有一定要求，它喜欢肥沃的深厚土壤，这样会更利于其生长。

分布：中国各地。

品种鉴别：

①红花美人蕉：花红色，单生；苞片卵形，绿色，长约1.2厘米；萼片3枚，披针形，长约1厘米，绿色而有时染红；花冠管长不及1厘米，花冠裂片披针形，长3~3.5厘米，绿色或红色；外轮退化雄蕊2~3枚，鲜红色。该种花较小，主要赏叶。

②黄花美人蕉：花冠、退化雄蕊杏黄色，与正种不同。花序单生而疏松，着花少，苞片极少，花大而柔软，向下反曲，下部呈筒状，淡黄色，唇瓣圆形。

③双色鸳鸯美人蕉：引自南美，是美人蕉属类中的稀世珍品，因在同一枝花茎上争奇斗艳、开出大红与五星艳黄两种颜色的花而得名。

食用方法：花朵在沸水中焯熟后可凉拌、炒食或作为馅料，晒干后可泡茶饮。

总状花序，稀疏，有白、红、粉、黄、杂色

花冠裂片披针形

叶片为卵状长圆形，绿色

饮食宜忌：一般人群皆可食用，尤适宜心神不宁或疮疡肿毒的患者。

功效主治：花朵入药，具有清热解毒、祛瘀消肿的功效，将美人蕉根块捣烂敷于患处，可缓解疮疡肿毒。

别名：小花美人蕉、红艳蕉、兰蕉 | 性味：性凉，味甘、淡 | 繁殖方式：播种、块茎 | 食用部位：花朵

冬葵

一年生草本，株高约1米，无分枝。茎上密被柔毛。叶片圆形，叶基心形，叶缘有细锯齿，叶面、叶背无毛，但有时也被有稀疏的糙伏毛或星状毛，尤其在叶脉上。开白色至淡紫色小花，单生或簇生，花瓣5枚，上有纵纹。

茎不分枝，密披柔毛

生活习性：

温度　喜冷凉、湿润气候，不耐高温和严寒，但耐低温、耐轻霜，低温时还可提高品质，植株生长适温为15~20℃。

光照　对光照要求不高，光照充足生长更佳。

水分　适当灌溉，以保持湿润为度，勿积水，勿使土壤干旱。

土壤　对土壤的要求不高，但在排水性良好、疏松肥沃、保水保肥的土壤中，较容易获得高产。

分布：云南、湖南、贵州、四川、江西等地。

品种鉴别：

①白梗冬葵：茎绿色，叶片较薄，叶柄长，叶色绿，较耐热，早熟，适宜秋季栽培，代表品种有福州白梗、重庆小棋盘和浙江丽水冬葵。

②紫梗冬葵：茎绿色，节间短，节间及主脉为紫色，叶柄基部的叶片部分呈紫红色，叶柄较短，叶片微皱，主脉7条。长势强，晚熟，开花迟，生长期长，适宜春播。代表品种有福州紫梗、长沙糯米冬葵和红叶冬葵。

叶片圆形，边缘具细锯齿

食用方法：

①嫩茎叶择洗干净，入沸水焯烫，捞出漂净，加入肉片炒熟，即可食用。

②嫩茎叶反复洗净，裹蛋糊油炸，极具风味。

饮食宜忌：尤适宜痰多黏稠、肺热咳嗽、心神不宁或热毒下痢患者。冬葵性寒，脾虚肠滑或腹泻者忌食，孕妇慎食。

功效主治：嫩茎叶入药，具有清心泻火、止咳化痰、补中益气的作用。常用于消渴、淋病、二便不利等症。

裂片三角形，疏被星状柔毛

别名：冬苋菜、冬寒菜、土黄芪 | **性味：**性寒，味甘 | **繁殖方式：**播种、分株 | **食用部位：**嫩茎叶

黄秋葵

一年生草本，株高1~2米，直立生长。它拥有发达的主根。绿色或暗紫色茎呈圆柱形。叶为掌状3~7回深裂，叶片互生，呈披针形至三角形，叶缘有不规则锯齿。开黄色花，但花朵内的基部为暗紫色。长圆形蒴果顶端较尖，外表皮则有黄色或淡黄色长硬毛。

生活习性：

温度　喜温暖，怕严寒，耐热力强。当气温13℃左右、地温15℃左右时，种子即可发芽。但种子发芽和生育期适温均为25~30℃。月均温低于17℃，即影响开花结果；夜温低于14℃，则生长缓慢，植株矮小，叶片狭窄，开花少，落花多。温度在26~28℃时开花多，坐果率高，果实发育快，产量高，品质好。

光照　对光照条件尤为敏感，要求光照时间长，光照充足。应选择向阳地块，加强通风透气，注意合理密植，以免互相遮阴，影响通风和透光。

水分　耐旱、耐湿，但不耐涝。发芽期土壤湿度过大，易诱发幼苗立枯病。结果期干旱，植株长势差，品质劣，应始终保持土壤湿润。

土壤　对土壤适应性较广，不择地力，但以土层深厚、疏松肥沃、排水性良好的沙壤土较宜。

花黄色，内面基部暗紫色

蒴果长圆形，顶端具长喙，疏被长硬毛

叶片边缘具不规则锯齿

分布：中国各地。

食用方法：

①将嫩茎叶洗净，放入沸水中焯熟，捞出加入适量盐，即可食用。

②嫩茎叶择洗干净，入沸水焯烫，捞出漂净，加入肉片炒熟，即可食用。

③果实可炒制后食用。

饮食宜忌：黄秋葵属于性偏寒凉的野菜，胃肠虚寒、胃功能不佳或经常腹泻的人群不可多食。

功效主治：嫩茎叶、果实入药，幼果中含有一种黏性物质，可助消化，缓解胃炎、胃溃疡，并可以保护肝脏及增强人体抵抗力。其花、种子和根对恶疮、痈疖有缓解作用，有一定的抗癌效果。

別名：羊角豆、咖啡黄葵、补肾菜 | 性味：性寒，味苦 | 繁殖方式：播种 | 食用部位：嫩茎叶、果实

锦葵

二年生或多年生直立草本，株高50~90厘米。茎上被有稀疏的粗毛。叶片互生，呈圆形、心形或肾形，叶缘有圆锯齿，无毛，但有时叶脉上会被有稀疏的短糙伏毛。托叶呈卵形，叶端渐尖，叶缘有圆锯齿。开3~11朵簇生紫红色或白色花，花瓣5枚，呈匙形。

生活习性：适应性较强，可在大部分土壤中存活，最适宜在沙土中生长。

分布：中国各地。

食用方法：

①春季采集嫩茎叶洗净，用沸水烫过后冷水漂洗；起锅热油，加入鸡蛋，放入锦葵翻炒。

②嫩茎叶洗净，用沸水焯熟后加入香油、盐、醋凉拌，即可食用。

饮食宜忌：适宜泌尿系疾病、产后恶露不止或腹痛者食用。

功效主治：嫩茎叶入药，具有利尿通便、清热解毒的作用，可缓解大小便不畅、淋巴结结核、带下异常等症。

叶片互生，边缘具圆锯齿

花瓣5枚，匙形，先端微缺

别名：荆葵、钱葵、小钱花、棋盘花 │ **性味：**性寒，味咸 │ **繁殖方式：**扦插、压条 │ **食用部位：**嫩茎叶

野西瓜苗

一年生直立或平卧草本。茎上的白色粗毛呈星状。二型叶，叶下部呈圆形，叶上部则为掌状深裂，裂片呈倒卵形至长圆形。开淡黄色花，但花内底部为紫色；花瓣5枚，呈倒卵形，花上的粗硬毛为星状，淡绿色的花萼为钟形。

生活习性：抗旱，耐高温，耐风蚀，耐瘠薄。

分布：中国各地。

食用方法：

①嫩苗洗净，入沸水焯熟后，换凉水浸泡2~3小时，捣碎后和面，做成窝头蒸食。

②嫩苗洗净，入沸水焯熟后，加盐、香油凉拌，即可食用。

饮食宜忌：尤适宜患有风热咳嗽或泄泻痢疾的患者。

功效主治：全草入药，具有清热解毒、祛风除湿、止渴利尿的作用；另外，野西瓜苗还对风湿性关节炎、腰腿痛、四肢发麻有一定的缓解作用。

花单生于叶腋，花冠淡黄色，有紫心

叶掌状，3~5回深裂

别名：火炮草、小秋葵、香铃草 │ **性味：**性寒，味甘 │ **繁殖方式：**嫁接 │ **食用部位：**嫩苗

苘麻

一年生亚灌木状草本，高1~2米。茎枝上密生短柔毛。叶片互生，呈心形，叶端渐尖，叶基呈心形，叶缘有细圆锯齿，叶面、叶背均生星状柔毛。花单生于叶腋，颜色为黄色，花瓣呈倒卵形。花期6~10月。半球形蒴果的直径约2厘米，果皮上有星状柔毛。黑色或浅灰色种子，呈肾形。

叶片边缘具细圆锯齿，两面均密被星状柔毛

蒴果呈半球形，密生短茸毛，成熟时呈黄褐色，不完全开裂

生活习性：

温度 性喜温暖，15℃以下的低温能打破种子的休眠状态，生长适温为18~25℃。

光照 对光照要求不高，光照充足，则生长更佳。

水分 喜湿润环境，生长期以见干见湿为宜。

土壤 对土壤的需求不高，一般能种植其他农作物的地区均可，宜选择一些通风、透水条件好、肥沃的田地种植。

分布： 四川、湖北、河北、河南、安徽等地。

食用方法：

①鲜嫩的种子可直接食用。

②成熟的种子需晒干，磨成粉后进行烹饪。

饮食宜忌： 适宜中耳炎、耳鸣、赤白痢疾、小便不利、痈疽肿毒、乳房胀痛的患者食用。

功效主治： 全株入药，具有清热利湿、解毒开窍的功效。

别名：白麻、青麻、野麻、野芒麻、八角乌 | 性味：性平，味苦 | 繁殖方式：播种 | 食用部位：种子

蜀葵

二年生直立草本，株高可达2米。茎枝上被有浓密的刺毛。叶片近圆形或掌状，叶面较粗糙，上有5~7回浅裂或波状棱角。花腋生，单生或近簇生，花形如果盘，颜色多样，有红、紫、白、粉红、黄和黑紫等颜色，花瓣呈倒卵状三角形。

茎直立，丛生，茎枝密被刺毛

总状花序腋生，单瓣或重瓣

生活习性： 喜阳光充足的环境，也能耐半阴；此外，还耐寒、耐盐碱，适合疏松肥沃、排水性良好的沙土。

分布： 在中国分布很广，华东、华中、华北、华南地区均有。

食用方法：

①春季采嫩叶，在沸水中焯过，可炒食。

②蜀葵花可提取花青素，可作为食品着色剂。

饮食宜忌： 一般人群皆可食用，尤适宜尿路结石、小便不利、水肿或肠炎痢疾等人群。脾胃虚寒者及孕妇忌食。

功效主治： 全草入药，具有清热解毒、收敛止血、利尿通便的功效，常用于缓解吐血、二便不利、尿道感染、小儿风疹等症。

别名：一丈红、熟季花、戎葵、大蜀季 | 性味：性凉，味甘 | 繁殖方式：播种、分株、扦插
食用部位：嫩叶、花

毛莨科

银莲花

一年生草本，株高15~40厘米。叶片基生，呈心状五角形，稀圆卵形。开白色或带粉红色的花，花葶被有稀疏的柔毛，但有时也无毛，花苞苞片约有5枚，呈菱形或倒卵形，外端呈圆形或较圆钝。

生活习性：

温度　可以耐寒，但是忌高温，适宜生长温度在15~35℃，冬季气温不低于10℃就可以安全过冬。

光照　喜光，生长期要求有充足阳光，光照不够，易造成植株徒长，叶片发黄。

水分　保持土壤湿润，在多雨时节，需要将银莲花放在干燥的地方养护，要注意时刻避雨。

土壤　喜疏松肥沃、排水性良好的沙土。

分布： 多见于中国东北地区及河北、山西北部、北京等华北北部地区。生长于山坡草地、山谷沟边或多石砾坡地等。

品种鉴别： 毛蕊银莲花，子房有毛，生长在海拔1000~2800米的山地草坡。

食用方法： 花朵晒干后可泡茶饮，也可在沸水中焯熟后炒食或制作糕点。

开白色或带粉红色的花

总状花序顶生，单瓣或重瓣

叶呈心状五角形，稀圆卵形，三全裂

饮食宜忌： 一般人群皆可食用，尤适宜热毒血痢或惊厥的患者。银莲花性偏寒，孕妇忌食。

功效主治： 花朵入药，具有清热解毒、镇定止痛的功效，常用于缓解热毒血痢、阴痒带下等症。其作为一种传统药物，具有一定的抗癌功效。

花葶被有稀疏的柔毛

别名：风花、复活节花 | 性味：性微寒，味辛、苦 | 繁殖方式：播种、分株 | 食用部位：花朵

金莲花

一年生或多年生草本，株高30~70厘米，无分枝。基生叶片1~4枚，呈五角形，叶端急尖，叶缘生有尖锐的三角形锯齿。聚伞花序，开淡黄色或橘黄色花，花瓣则近圆形。

生活习性：喜冷凉、湿润环境，多生长在海拔1800米以上的高山草甸或疏林地带。

分布：山西、河南北部、河北、内蒙古东部、辽宁和吉林西部。

品种鉴别：

①宽瓣金莲花：花皱缩，湿润展平后，直径2.5~4.8厘米；萼片橙黄色，宽椭圆形或倒卵形，全缘或先端有不整齐小齿；花瓣棕色，匙状线形，与萼片等长或稍短；雄蕊多数；子房多数，聚合，花柱短尖。气微，味苦。

②矮金莲花：花单生，花梗长；萼片5枚，黄色，宽倒卵形；花瓣匙状线形，棕色；雄蕊多数。气微，味苦。

③短瓣金莲花：花皱缩，湿润展平，直径3.3~5.5厘米；萼片黄色，外层椭圆状卵形，其他倒卵形，先端有少数不明显小齿；花瓣棕色，线形。

花单生，花瓣近圆形，淡黄色或橘黄色

基生叶，叶片五角形，基部心形，3全裂

食用方法：嫩芽叶及花可作茶饮，有一股淡淡的清香。

饮食宜忌：孕妇不能食用，脾虚寒泻者同样忌食用。

功效主治：嫩芽叶、花入药，具有清热解毒、滋阴祛火的功效，长期服用可清咽利喉，尤其对慢性咽炎、扁桃体炎和声音嘶哑者有消炎、预防和改善的作用。

茎不分枝，疏生3~4片叶

别名：旱地莲、金梅草 | 性味：性寒，味苦 | 繁殖方式：播种、扦插 | 食用部位：嫩芽叶、花

芍药

花数朵，生于茎顶和叶腋，有时仅顶端一朵开放

小叶边缘具白色骨质细齿，两面无毛

多年生草本，株高40~70厘米。根较粗壮，分枝黑褐色。茎上部叶为三出复叶，茎下部叶为二回三出复叶，小叶呈狭卵形、椭圆形或披针形。花生于茎顶和叶腋，颜色白色、玫红色、粉红色等，花瓣呈倒卵形。

生活习性：

温度　喜欢温和、凉爽的环境，比较耐寒，也可耐高温。温度应该控制在15~20℃，冬季温度不宜低于−20℃。

光照　生长期光照充足，才能生长繁茂，花色艳丽；但在轻微荫蔽下也可正常生长发育，花期应避免温度过低、湿度过低，需要注意烈日的照射。

水分　比较耐干旱，怕水涝，浇水不可太多，不然容易导致根部腐烂。

土壤　要求土层深厚，适宜疏松且排水性良好的沙壤土，在黏土中生长较差，土壤含水量高，排水不畅，容易引起烂根，以中性或微酸性土壤为宜。

分布：中国各地。

品种鉴别：毛果芍药，心皮密生柔毛，生长于山地灌丛中。

食用方法：将野生芍药的块根放入水中煮，待水剩下一半时，放入生姜、红枣和蜂蜜即可。

饮食宜忌：一般人群皆可食用，尤适宜头痛、眩晕、耳鸣、肝郁脾虚、大便泄泻的患者。血虚无瘀之症及痈疽已溃者慎服。

功效主治：具有

活血散瘀、止痛、泻肝火、养血敛阴、平抑肝阳的功效，常用来缓解月经不调、肝血虚亏、胸痛、头痛等症。

別名：将离、离草、婪尾春 | 性味：性微寒，味苦 | 繁殖方式：播种、分株 | 食用部位：块根

鱼腥草

多年生草本。茎质脆，易折断，呈扁圆柱形，棕黄色，上面有纵向的棱，并且有明显的茎节。叶片互生，一般为卷折状，如果展平则呈心形；叶端渐尖，上部为暗黄绿色至暗棕色，下部为灰绿色或灰棕色；如果将其捣碎，还会散发鱼腥味。开白色小花。蒴果卵圆形，顶端开裂。

生活习性：

温度　对温度的适应能力比较强，一般在12~25℃都能够生长，但是注意温度不要超过35℃。

光照　对光照要求不高，喜欢弱光，比较耐阴，要避免阳光直射，减少水分蒸发。

水分　喜湿润环境，保持土壤湿润，可以促进它快速生长。

土壤　选择土层深厚、疏松肥沃、有机质含量高、保水保肥性和透气性良好的土壤。

叶互生，叶片卷折皱缩，展平后呈心形

花小，苞片花瓣状，白色

茎呈扁圆柱形，棱节明显

分布： 陕西、甘肃及长江流域以南地区。

食用方法：

①采摘嫩茎叶后洗净，入沸水焯烫，拌面蒸熟，蘸蒜汁即可。

②嫩茎叶洗净，入沸水焯熟后，加盐、香油凉拌，即可食用。

饮食宜忌： 虚寒证或阴性外疡者忌服。多食可诱发气喘、虚弱、损阳气、消精髓。风寒感冒的人群也不适合食用。

功效主治： 嫩茎叶、地下茎入药，具有清热解毒、消痈排脓、利尿通淋的功效，常用于缓解肺痈吐脓、痰热喘咳、热痢、热淋、痈肿疮毒等症。

别名：折耳根、蕺菜、臭灵丹 | 性味：性微寒，味辛 | 繁殖方式：分株 | 食用部位：嫩茎叶

歪头菜

多年生草本，高40~100厘米。根茎粗壮，上有棱，并被有稀疏的柔毛。叶片呈卵状、披针形或近菱形，托叶则呈戟形或近披针形，叶轴末端有时卷须。总状花序，花紫色，斜钟状或钟状。荚果棕黄色，呈扁、长圆形，内有扁圆球形的种子3~7粒，种皮黑褐色。

生活习性：

温度　性喜温暖，15℃以下能打破种子的休眠状态，生长适温为18~25℃。当气温高于30℃时，植株分枝力减弱，枝干木质化加快。

光照　对光照要求不高，光照充足时生长更佳，但也有较显著的耐阴生能力。

水分　喜湿润环境，生长期以见干见湿为宜。

土壤　对土壤要求不高，但是深厚、肥沃的土壤能使其生长旺盛。

分布：中国东北、华北、华东、西南地区。

羽状复叶，互生，叶片呈卵形、披针形或近菱形

花朵紫色

茎粗壮，疏被柔毛

食用方法：

①去根洗净，沸水锅中焯熟，捞出后用清水漂洗，加油、盐炒熟，即可食用。

②嫩茎叶洗净后，入沸水锅焯熟，捞出后加入香油、醋、盐、白糖，凉拌即可。

饮食宜忌：歪头菜性滑利，大便溏泄者慎食。

功效主治：嫩茎叶具有补虚、调肝、利尿、解毒的功效。可适当缓解虚劳、头晕、胃痛、浮肿、疔疮等病症。

别名：野豌豆、草豆、野豌豆、豆苗菜 ｜ 性味：性平，味甘 ｜ 繁殖方式：播种 ｜ 食用部位：嫩茎叶

红车轴草

多年生草本。茎直立或平卧上升，较粗壮，上有纵棱，无毛或有稀疏柔毛。掌状三出复叶，小叶呈倒卵形或卵状椭圆形，两面疏被柔毛，叶面常生有V形白色斑纹，小叶柄较短。球状或卵状顶生花序，蝶形小花密集，花冠紫红色至淡红色，旗瓣为狭长的匙形，龙骨瓣比翼瓣稍短。荚果呈卵形，一般内生1粒扁圆形的种子。

旗瓣匙形，先端圆形，微凹缺

叶片先端钝，有时微凹，基部呈阔楔形

茎粗壮，具纵棱，直立或平卧上升

花冠紫红色至淡红色

生活习性：

温度　喜凉爽的环境，养护时需要提供15~20℃的温度条件。在夏天，要注意通风降温。

光照　喜半阴，非常怕强光。被强光长时间照射之后，叶片可能会发黄，还可能影响它开花，需要适当遮阴。

水分　耐涝性比较好，耐旱性很差。在生长期，要在干燥之后及时浇水，炎热的时候还需要喷洒水分。

土壤　在排水性良好、土质肥沃的黏壤土中生长最佳。

分布：中国东北、华北、西南地区。

食用方法：

①嫩茎叶洗净后，入沸水锅焯熟，捞出，加入芝麻油、醋、盐，凉拌即可。

②嫩茎叶洗净后，加入适量大米，熬煮成粥食用。

饮食宜忌：一般人群皆可食用，尤适宜百日咳及支气管炎的患者。

功效主治：全草入药，具有清热凉血、抗菌消炎、祛痰止咳、宁心安神等功效，可用于适当缓解风热感冒、痰多咳嗽、肺结核等症。全草制成软膏外用涂抹，可改善局部皮肤溃疡。

別名：红三叶、红花苜蓿、三叶草 | 性味：性微寒，味甘、苦 | 繁殖方式：播种 | 食用部位：嫩茎叶

白车轴草

花序球形，顶生，苞片呈披针形

茎匍匐蔓生，茎节上生根

叶先端凹头至钝圆，基部楔形渐窄至小叶柄

多年生草本，匍匐生长。茎节上会生根。掌状三出复叶，叶片呈倒卵形至近圆形，中脉凸起。顶生球形花序，开20~50朵白色、乳黄色或淡红色花，会散发香气，苞片呈披针形。荚果长圆形，种子通常有3粒，呈阔卵形。

生活习性：

温度 具有一定的耐旱性，35℃左右的高温下也不会萎蔫，最适宜的生长温度为16~24℃，喜光，在阳光充足的地方，生长繁茂，竞争能力强。

光照 长日照植物，不耐荫蔽，日照超过13.5小时，花数可以增多。

水分 抗旱性较强，耐涝性稍差。水分充分时长势较旺，干旱时适度补水，雨水过多时及时排涝，有利于植株生长。

土壤 适应性强，但不耐盐碱，可在酸性沙壤土中正常生长。

分布：产于中国东北、华北地区，江苏、贵州、云南多栽培。

食用方法：

①嫩茎叶用沸水烫一下，再用清水冲洗，可炒食、凉拌或煮粥食用。

②嫩茎叶用沸水焯熟，加入炖煮的肉中，可提香增味，同时增加营养价值。

③嫩茎叶用沸水焯熟，加入鸡蛋同炒，盛出即可。

饮食宜忌：更年期女性宜多食。

功效主治：嫩茎叶入药，因含有天然植物性异黄酮素，能有效调节生理机能，帮助人体维持内分泌平衡。主要用于内分泌紊乱、小便不畅、痔疮出血、硬结肿块等症。

别名：白花苜蓿、白三叶、荻草翘摇 | 性味：性平，味微甘 | 繁殖方式：播种 | 食用部位：嫩茎叶

紫花苜蓿

多年生草本，株高30~100厘米。扎根较深，根部也较粗壮。茎部或直立，或匍匐。叶为羽状三出复叶，小叶呈长卵形、倒长卵形至线状卵形，深绿色，叶上部无毛，下部则被柔毛。总状花序或头状花序，开淡黄色、深蓝色至暗紫色花，颜色多样。

生活习性：喜干燥、温暖的环境，以疏松、排水性良好、富含钙质的土壤为佳。

分布：中国各地都有栽培或呈半野生状态。

食用方法：

①嫩苗洗净，入沸水焯熟后，换凉水浸泡2~3小时，捣碎后和面，做成窝头蒸食。

②嫩苗洗净，入沸水焯熟后，加盐、香油凉拌，即可食用。

花序总状或头状，花冠颜色多样

羽状三出复叶，叶片深绿色

茎直立、丛生或平卧

饮食宜忌：适宜水肿或痛风患者食用。

功效主治：嫩苗入药，能促进体内多余水分的排出，对女性月经期水肿、痛风患者有良好的改善效果。适用于胃热烦闷、食欲不振、小便不利或湿热发黄等症。

别名：紫苜蓿、苜蓿、苜蓿花、怀风、三叶草 ｜ 性味：性平，味苦 ｜ 繁殖方式：播种
食用部位：嫩苗

救荒野豌豆

一年生或二年生草本，株高15~90厘米。茎可向上斜生长，也可攀缘匍匐生长，外稍被柔毛。羽状复叶为偶数，小叶有2~7对，呈长椭圆形或近心形。腋生紫红色或红色花。荚果呈长圆形，土黄色，外表皮长有毛。一般有4~8粒棕色或黑褐色种子，一般呈圆球形。

生活习性：性喜温凉气候，抗寒能力强。通常生长在灌丛中、山坡草丛中。

分布：中国各地。

食用方法：嫩荚果可直接煮食；而成熟后的荚果，可剥取里面的种子煮食或磨碎食用。

饮食宜忌：种子中含有生物碱和氰苷，食用过量能使人畜中毒，因此应注意食用数量。

功效主治：果实入药，具有清热利湿、活血祛瘀的功效。主要用于肾虚腰痛、遗精、头晕眼花等病症。全草可作药用，花果期及种子有毒。

花冠紫红色或红色

小叶先端圆或平截有凹，具短尖头

茎向上斜生长

别名：大巢菜 ｜ 性味：性寒，味甘、辛 ｜ 繁殖方式：播种 ｜ 食用部位：荚果

野大豆

一年生缠绕草本，匍匐生长，长1~4米。茎枝较细弱，被有稀疏的褐色长硬毛。小叶呈卵圆形或卵状披针形，叶面、叶背均被有绢状的糙伏毛。荚果略微弯曲，整体呈长圆形，外表被有浓密的长硬毛。种子一般为2~3粒，呈扁状椭圆形，褐色至黑色。

生活习性：喜光耐湿、耐盐碱、耐阴、抗旱、抗病、耐瘠薄等。

分布：在中国除新疆、青海和海南外均有。

食用方法：剥取荚果里的种仁煮食，或者磨面食用。

饮食宜忌：一般人群均可食用，幼儿或尿毒症患者不宜多食，对豆子有过敏反应的人群忌食。

功效主治：种仁入约，具有补益肝肾、祛风解毒的功效，常用来缓解肾虚腰痛、风痹、筋骨疼痛、阴虚盗汗等病症。

茎枝纤细，全体疏被褐色长硬毛

荚果较短，干时易裂

荚果呈长圆形，稍弯，两侧稍扁

小叶先端锐尖至钝圆，基部近圆形

别名：落豆秧、山黄豆、零乌豆、野料豆 | **性味：**性凉，味甘 | **繁殖方式：**播种 | **食用部位：**种仁

南苜蓿

一年生或二年生草本，株高20~90厘米。茎部或直立，或匍匐，或上升。叶为羽状三出复叶，小叶呈倒卵形或三角状倒卵形，叶端圆钝，叶基呈阔楔形，叶缘有浅锯齿，叶上部无毛，下部则被稀疏柔毛。头状伞形花序，开黄色花，旗瓣呈倒卵形，每株开2~10朵花。

生活习性：

温度　生长适温为12~17℃，在亚热带地区生长较好。

光照　喜光，光照充足时生长更好。

水分　喜湿润环境，生长期以见干见湿为宜。

土壤　对土壤要求不高，但是深厚、肥沃、湿润的土壤能使其生长旺盛。

分布：中国长江流域以南各地。

食用方法：

①采摘嫩茎叶后洗净，入沸水焯烫，拌面蒸熟，蘸蒜汁即可。

②采摘嫩茎叶后洗净，入沸水焯烫后捞出，放入蒜、葱和肉片，炒食即可。

饮食宜忌：一般人群皆可食用，尤适宜黄疸、膀胱结石或痢疾泄泻的患者。虚寒体质者不宜食用。

功效主治：嫩苗入药，具有清热凉血、利湿退黄的功效，主要用于热病烦渴、黄疸、痢疾泄泻、石淋、肠风下血、浮肿等症。

总花梗腋生，纤细无毛

茎平卧、上升或直立，基部分枝

叶片先端渐尖，基部耳状，边缘具不整齐条裂

别名：黄花苜蓿、金花菜 | **性味：**性平，味苦、微涩 | **繁殖方式：**播种 | **食用部位：**嫩茎叶

凤仙花

一年生草本，株高60~100厘米，直立生长。茎肉质肥厚，较粗壮。叶片互生，下部叶片有时为对生，叶片呈披针形、窄椭圆形或倒披针形，叶缘有较尖利的锯齿，一般无毛，但有时也被有稀疏的柔毛。花朵单生或簇生，开白色、粉红色或紫色花。种子多数，呈圆球形。

生活习性：

温度 耐热、不耐寒，生长适温为15~30℃。

光照 性喜阳光，光照充足时生长更佳。在夏季应避免强光，否则容易灼伤植株。

水分 怕湿，生长期以见干见湿为宜，生长期需水量较大。

土壤 一般生长在疏松透气、肥力充足、排水性良好的沙土中。

分布：中国南北各地广泛栽培。

食用方法：

①嫩芽、嫩茎叶择洗后焯烫，再用清水漂净，凉拌或炒食。

②嫩芽、嫩茎叶择洗后焯烫，再用清水漂净，切成小段，放入碗中，加入黄酒、盐、白糖、胡椒粉、香油拌匀，盛出即可。

③嫩芽、嫩茎叶择洗后焯烫，炒锅上火，放油烧至八成热，放入葱花、蒜泥，煸出香味，淋在焯熟的凤仙花嫩芽及嫩茎叶上，食用时拌匀即可。

饮食宜忌：孕妇忌服。患有风湿病、关节炎及胃酸分泌过多的人群慎用。

功效主治：全草入药，具有祛风活血、消肿止痛的功效；凤仙花可用来缓解闭经腹痛、产后瘀血；种子具有解毒的功效，还具有通经、催产、祛痰的作用。

叶片先端尖或渐尖，基部楔形，边有锐锯齿

茎粗壮，肉质，直立

花单生或簇生于叶腋，无总花梗，一般多为单瓣或重瓣

别名：指甲花、染指甲花、小桃红 | 性味：性温，味甘、微苦 | 繁殖方式：播种 | 食用部位：嫩芽、嫩茎叶

菱

一年生水生草本。二型根，一种是扎根水底的根，呈细铁丝状；一种是在水中的同化根，为羽状细裂。叶片呈菱圆形或三角状菱圆形。开白色小花，有4枚花瓣。果实呈三角状菱形，外面长有淡灰色的长毛。果肉的颜色为白色，味道清甜，煮熟后呈粉质。

生活习性： 菱角一般栽种于温带气候的湿泥地中，如池塘、沼泽地。气温不宜过低，最佳气温在25~36℃。水深要有60厘米。

分布： 陕西南部、安徽、江苏、湖北、湖南、江西及浙江、福建、广东、台湾等地。

品种鉴别：

①馄饨菱：又称南湖菱，为浙江嘉兴名产。晚熟品种，清明播种，秋分到霜降收获。果皮绿白色，每千克40~50个，肩角上翘，腰角下弯，菱腹凹陷，菱肉厚实，皮薄，果重与肉重之比约为1.5：1。

②大青菱：产自江苏吴江、宜兴等地。中熟种。品质中等，果形大，皮绿白色，肩部高隆，肩角平伸而粗大，腰角亦粗。略向下弯。果皮厚，果重与肉重之比约为2：1。

③扒菱：又名乌菱、风菱、大弯角菱，产自江、浙及南方各地。晚熟品种，清明、谷雨播种，寒露、立秋采收。果形长大。皮暗绿色，两角粗长而下弯。品质好，淀粉含量较高。

④七月菱：产自广州市郊。晚熟品种，果皮绿色，果形长大，两角粗长下弯，产量较高，含淀粉多，皮壳厚，宜加工制粉和熟食。

食用方法：

①嫩茎叶洗净剁成末，辅以肉末，制成包子。

②幼嫩菱实可生食。

饮食宜忌： 鲜果生吃过多易损伤脾胃，宜煮熟吃。

功效主治： 嫩茎叶、果实入药，具有利尿、通乳、止渴、解酒毒的作用。

果实表皮紫红色，成熟时紫黑色，微被极短毛，果喙不明显

别名：野菱、刺菱、菱实、水菱 | 性味：性凉，味甘 | 繁殖方式：无性繁殖 | 食用部位：嫩茎叶、果实

千屈菜

多年生草本植物。根茎横卧于地下，粗壮，木质化。茎直立，四棱形，多分枝，高30~100厘米，全株青绿色。叶对生或三叶轮生，披针形或阔披针形，有时基部略抱茎，叶全缘，无柄。长总状花序顶生，数朵花簇生于叶状苞腋内，花梗及花序柄均短，花两性，花萼长筒状，紫色或淡紫色，花瓣6枚，呈倒披针状长椭圆形。蒴果扁圆形。

生活习性：

温度　性喜温暖，生长适温为18~25℃。

光照　对光照要求不高，光照充足时生长更佳。

水分　喜水湿，喜欢生长于沼泽地、水旁湿地或河边、水沟边，在浅水中生长最佳。

土壤　对土壤要求不高，在深厚、富含腐殖质的土壤中生长更好。

分布： 分布于中国大部分地区，主产区为四川、陕西、河南、山西及河北等地。

茎直立，多分枝

数朵花簇生于叶状苞腋内

叶片顶端圆钝或短尖，基部为圆形或心形，有时略抱茎

食用方法：

① 嫩茎叶洗净后入沸水焯烫，拌面蒸熟，蘸蒜汁即可。

② 嫩茎叶洗净后入沸水焯烫，裹上蛋液，入锅中煎炸，盛出即可。

饮食宜忌： 一般人群皆可食用，尤适宜痛经或患有痢疾的人群食用。孕妇慎食。

功效主治： 全草入药，具有清热解毒、凉血止血的功效，适用于肠炎、痢疾、便血等症。

别名：千蕨菜、对叶莲、水枝柳、铁菱角 | 性味：性寒，味苦 | 繁殖方式：扦插、分株 | 食用部位：嫩茎叶

田紫草

花冠外面稍有毛，裂片卵形或长圆形

一年生草本，株高15~35厘米。茎通常单一。叶片呈倒披针形至线形，叶端急尖，叶面、叶背均被短而糙的伏毛。顶生聚伞花序，开白色、蓝色或淡蓝色花，花冠呈高脚碟状。果实为三角状卵球形的小坚果。

生活习性： 主要生长在山坡、草地、树林下或灌木丛，喜凉爽、湿润的环境，怕高温，忌雨涝和干旱，需要充足的阳光，需要在全光环境下生长。

分布： 河北、陕西、安徽、辽宁、山东、新疆、浙江、山西、甘肃、黑龙江、江苏等地。

食用方法：

①嫩苗洗净，入沸水焯熟后，换凉水浸泡2~3小时，捣碎后和面，做成窝头蒸食。

②嫩苗洗净，入沸水焯熟后，加盐、香油凉拌，即可食用。

饮食宜忌： 一般人群皆可食用，尤适宜胃胀反酸、胃寒疼痛、吐血、跌打损伤等患者。

功效主治： 嫩苗入药，具有健胃、镇痛、强筋骨的功效，常用于改善胃寒疼痛、吐血、跌打损伤、胃胀反酸等症。

叶片先端急尖，两面均有短糙伏毛

别名：麦家公、大紫草 | 性味：性温，味甘、辛 | 繁殖方式：播种 | 食用部位：嫩苗

附地菜

二年生草本。茎枝纤细，分枝多集中在基部。叶片互生，呈匙形、椭圆形或披针形，叶基较窄，叶面、叶背被有糙伏毛。总状花序，顶端呈旋卷状，开蓝色花。

花萼裂片卵形

叶片先端圆钝，基部楔形或渐狭，两面被糙伏毛

分布： 西藏、云南、广西北部、江西、福建至新疆、甘肃、内蒙古、黑龙江、吉林等地。

品种鉴别：

①钝萼附地菜：高7~40厘米，基部多分枝，被短伏毛。花萼5深裂，裂片倒卵状长圆形或狭匙形，先端圆钝，花期直立，长约1.3毫米，果期开展，长达3.5毫米。

②大花附地菜：花冠大，直径5~6毫米；筒部较长而粗，直径约2毫米。

食用方法： 全株洗净后，入沸水锅焯熟，捞出后加入香油、醋、盐、白糖，凉拌即可。

饮食宜忌： 一般人群皆可食用，尤适宜胃滞胀痛、吐酸、吐血、跌打损伤或骨折的患者。

功效主治： 全株入药，具有温中健胃、消肿止痛的功效。常用于胃滞胀痛、吐酸、吐血等症，外用可以缓解跌打损伤、骨折疼痛等。

别名：地胡椒、鸡肠草、雀扑拉 | 性味：性平，味辛、苦 | 繁殖方式：播种 | 食用部位：全株

勿忘草

多年生草本，株高20~50厘米，通常具分枝。整个植株光滑无毛，有时被卷毛。叶片多数为基生，长在地面，叶片呈倒卵状匙形，叶端圆形，叶基渐狭，叶柄较短。轮生聚伞花序，开蓝色、粉色或白色花，花冠呈高脚碟状，雄蕊为黄色。

轮生聚伞花序，呈蓝色、粉色或白色

全株光滑无毛，有时被一卷毛

叶片先端圆或稍尖，基部渐狭，下延成翅

生活习性：

温度 适应力强，性喜温暖，生长适温为20~25℃。

光照 喜光照充足的环境，需要适当进行遮阴处理。

土壤 适宜疏松、肥沃、排水性良好的弱碱性土壤。

分布： 中国云南、四川、江苏等省及华北、西北、东北等地区。

食用方法： 花朵晒干后可泡茶饮，加绿茶1茶匙、蜂蜜少许，调匀饮用，具有美容养颜的功效。

饮食宜忌： 一般人群皆可食用，孕妇及脾胃虚弱者禁止食用。

功效主治： 花朵入药，具有滋阴补肾、养颜美容、补血养血、促进机体新陈代谢、延缓细胞衰老、提高机体免疫力的功效。

别名：星辰花、补血草、勿忘我、匙叶花 | 性味：性寒，味苦、辛 | 繁殖方式：播种 | 食用部位：花朵

天竺葵

多年生草本，株高30~60厘米，直立生长。茎上密被短柔毛。叶片互生，呈圆形或肾形，叶缘有波状浅裂，叶面还有暗红色马蹄形环纹。腋生伞状花序，开红色、橙红色、粉红色或白色花，花朵密集，花瓣呈宽倒卵形。蒴果上被柔毛，长约3厘米。

总苞片数枚，宽倒卵形

花瓣先端圆

叶片边缘波状浅裂，具圆形齿，两面被透明的短柔毛

生活习性：

温度　天竺葵最适宜的生长温度是10~20℃，即春、秋季最适宜其生长。

光照　充足的阳光有助于天竺葵开花，但是在温度过高的夏季就不宜阳光直射。

水分　忌浇水过多，如果发现天竺葵的根部腐烂，可能是因为水分过多而天气又比较闷热。

土壤　适合在沙土中生长。

分布：中国各地普遍栽培。

食用方法：花朵晒干后可泡茶饮，也可用沸水焯熟后，凉拌或炒食。天竺葵有微毒，要严格控制食用量。

饮食宜忌：一般人群皆可食用，尤适宜面部暗黄、湿疹、灼伤或带状疱疹的患者。天竺葵性凉，孕妇慎食。

功效主治：花朵入药，具有止痛止血、抗菌杀菌、排毒利尿、镇静安神、美白养颜的功效，还可平衡皮肤油脂分泌。

别名：洋绣球、入腊红、石腊红 | 性味：性凉，味甘，微苦 | 繁殖方式：播种、扦插 | 食用部位：花朵

香蒲

多年生水生或沼生草本，直立生长。乳黄色或灰黄色的根状茎较粗壮。叶的上半部扁平，中下部稍向内凹陷，叶背逐渐隆起，呈凸形。雌雄同株，同时拥有雌花序和雄花序，雌花序呈窄条形或披针形，雄花序则呈长圆形，雄花序轴还被有褐色柔毛。

生活习性： 生长于湖泊、池塘、沟渠、沼泽及河流缓流带。

分布： 中国东北、华北等地。

食用方法：

①采集嫩茎叶洗净，可作为火锅素菜，十分可口。

②嫩茎叶反复洗净，裹蛋糊油炸，极具风味。

饮食宜忌： 一般人群皆可食用，尤适宜小便不利、乳痈的患者。注意孕妇忌食。

功效主治： 幼苗入药，具有活血化瘀、润燥凉血、利尿的功效，常用于缓解小便不利、乳痈等症。

雌、雄花序紧密连接，雄花序轴具柔毛

叶片扁平，狭长线形，有白色膜质边缘

地上茎直立

别名：水蜡烛、水烛、蒲黄 | 性味：性平，味甘 | 繁殖方式：播种、分株 | 食用部位：嫩茎叶

小香蒲

多年生沼生或水生草本，株高16~65厘米，直立生长。姜黄色或黄褐色的根状茎，顶端为乳白色；地上茎纤细柔弱，矮小。叶片基生。穗状花序，雌雄同株，但雌雄花序不相连。

生活习性： 喜湿润的环境，常生长在池塘、河沟边、沼泽地等近水源处。

分布： 黑龙江、吉林、辽宁、内蒙古、河北、河南、山东、山西、陕西、甘肃、新疆、湖北、四川等地。

食用方法：

①洗净去根、取嫩芽，入沸水焯熟后捞出，用清水漂洗，加油、盐炒熟，即可食用。

②嫩芽洗净后，入沸水锅焯熟，捞出，加入香油、醋、盐、白糖，凉拌即可。

饮食宜忌： 一般人群皆可食用，尤适宜吐血、衄血、咯血、崩漏及外伤出血等患者。

功效主治： 嫩芽入药，具有祛瘀止血、利尿通淋的功效，常用于闭经痛经、脘腹刺痛等症。

叶通常基生，鞘状

穗状花序呈蜡烛状，雌花具小苞片

地上茎直立，细弱，矮小

别名：蒲草 | 性味：性平，味咸、涩 | 繁殖方式：播种、分株 | 食用部位：嫩芽

薄荷

轮伞花序腋生，球形，花冠淡紫色

多年生草本，株高60~100厘米，直立生长，分枝较多。茎呈四棱形，上密被柔毛。叶片呈长圆状披针形、椭圆形或卵状披针形，叶端较尖，叶缘有稀疏的齿状锯齿，绿色。腋生轮伞花序，开淡紫色花。

生活习性：

温度　薄荷对温度适应能力较强，其根茎宿存越冬，能耐-15℃低温。其最适宜的生长温度为25~30℃。

光照　性喜阳光。日照时间长，可促进薄荷开花。

水分　喜水植物，需水量比较大，尤其在生长初期和中期，对水分的要求较高。

叶先端锐尖，基部楔形至近圆形

土壤　以沙壤土、冲积土为好。土壤酸碱度以pH值为6~7.5为宜。

分布：中国大部分地区均产，主产于江苏、安徽、浙江、江西等地。

品种鉴别：

①紫茎紫脉：幼苗期茎为紫色，中后期茎秆中下部为紫色或淡紫色，上部茎为青色。分枝能力较弱，地下茎及须根入土浅，暴露在地面的葡匐茎较多，抗逆性差，挥发油产量不稳定，但质量好，油中薄荷脑含量高。

②青茎：幼苗期茎基部紫色，上部绿色，中后期茎基部淡紫色，中上部绿色。大部分品种结实率高，地下茎和须根入土深，暴露在地表的葡匐茎较少，分枝能力和抗逆性强，挥发油产量较稳定，但油的质量不如紫茎类。

食用方法：

①新鲜薄荷叶是可以生吃的，味道清凉；薄荷的茎和叶可以榨汁喝，也可以泡酒和泡茶喝；干枯的薄荷可以制作调味剂或香料。

②取新鲜薄荷和干品，按2：1的比例，加入约1000毫升水，中火熬去一半水；冷却后，捞出渣滓，留汁备用。加粳米煮粥至九成熟时，加入薄荷汤煮沸即可。

饮食宜忌：阴虚血燥、肝阳偏亢或表虚汗多者忌服。哺乳期妇女一般不宜多食，因本品有回乳作用。

功效主治：嫩茎叶入药，常用于治疗风热感冒、头痛、咽喉肿痛、口舌生疮、肝郁气滞、胸闷胁痛等症。

主茎通常直立，多分枝

别名：夜息香、野薄荷 | **性味：**性凉，味辛 | **繁殖方式：**播种、扦插、分枝、根茎 | **食用部位：**嫩茎叶

紫苏

一年生草本，株高30~200厘米，直立生长。茎呈钝四棱形，上被长柔毛，绿色或紫色。叶片呈阔卵形或圆形，基部以上叶缘的锯齿较粗，绿色或紫色。棕褐色或灰白色小坚果，近似球形。

叶片先端短尖或突尖，基部圆形或阔楔形，边缘在基部以上有粗锯齿

茎绿色或紫色，四棱形，密被长柔毛

生活习性：

温度 喜温暖、湿润的环境，15℃以下的低温能打破种子的休眠状态，生长适温为18~25℃。

水分 能耐涝，不能耐旱。

光照 在光照十分充足的条件下生长旺盛。

土壤 对土壤要求不高，在排水性较好的沙壤土、黏土中均能良好生长。

分布：中国各地广泛生长。

品种鉴别：

①野生紫苏：与原变种的不同在于果萼小，长4~5.5毫米，下部被疏柔毛，具腺点；茎被短疏柔毛；叶较小，卵形，长4.5~7.5厘米，宽2.8~5厘米，两面被疏柔毛；小坚果较小，土黄色，直径1~1.5毫米。

②耳齿变种紫苏：与野生紫苏极相似，不同之处在于叶基圆形或近心形，具耳状齿缺；雄蕊稍伸出于花冠。

③回回苏：与原变种的不同在于，叶具狭而深的锯齿，常为紫色；果萼较小。中国各地栽培，供药用及香料用。

食用方法：

①取幼苗、嫩根茎用沸水烫一下，清水漂洗后，用来炒食、凉拌、做汤或腌制。

②紫苏洗净后切段，田螺吐泥后下油锅；加入葱、姜、蒜、辣椒，加入紫苏，炒出香味后出锅。

③把紫苏、薄荷和姜片洗净，一起放入锅里，加1大碗清水，放入1勺盐，大火煮开后改小火慢熬至剩半碗水，再倒入红糖搅拌一下，关火，盖上锅盖闷两三分钟，煮好就是紫苏薄荷姜茶。

饮食宜忌：特禀体质者忌服，气虚、阴虚久咳或脾虚便溏者忌食。

功效主治：全草入药，具有解表散寒、行气和胃的作用；与藿香配伍应用，可缓解脾胃气滞、胸闷、呕吐等症。

别名：白苏、赤苏、红苏、香苏、苏麻 | 性味：性微热，味辛 | 繁殖方式：播种 | 食用部位：幼苗、嫩根茎

藿香

多年生草本，直立生长。茎的上部密生短细毛，下部无毛。叶片呈心状卵形至长圆状披针形，叶端渐尖，叶基心形，叶缘的锯齿较粗，橄榄绿色。轮伞花序，开密集的淡紫色或紫红色花。

生活习性：

温度　喜高温，生长适温为19~25℃。

光照　喜阳光充足环境，在荫蔽处生长欠佳。

水分　喜欢生长在湿润、多雨的环境，怕干旱。

土壤　对土壤要求不高，一般土壤中均可生长，但以土层深厚肥沃而疏松的沙壤土为佳。

分布：中国各地广泛分布，主产于四川、江苏、浙江、湖北、广东等地。

食用方法：

①洗净去根，入沸水焯熟后，捞出，用清水漂洗，加油、盐炒熟，即可食用。

②洗净去根后，入沸水锅焯熟，捞出，加入香油、醋、盐、白糖，凉拌即可。

饮食宜忌：怀孕期间的人群不可以食用，服用头孢类药物的人群也不可以食用。

功效主治：嫩茎叶入药，具有化湿醒脾、辟秽和中的作用，可缓解外感暑湿、胸脘痞闷、呕吐腹泻、痢疾等症。

轮伞花序，多花，在主茎或侧枝上组成顶生密集的圆筒形穗状花序

茎直立，上部密生短细毛，下部无毛

叶片先端尾状长渐尖，基部心形，稀截形，边缘具粗锯齿

别名：土藿香、山茴香、大叶薄荷 | 性味：性微温，味辛 | 繁殖方式：播种、扦插 | 食用部位：嫩茎叶

罗勒

一年生草本，株高20~80厘米，直立生长。叶片呈卵圆形至长圆形，叶端稍钝或急尖，叶基渐狭，叶缘有不规则的锯齿。顶生总状花序，开淡紫色花，花上被有稀疏的柔毛。黑褐色小坚果呈卵珠形。

生活习性： 喜温暖、湿润气候，不耐寒，耐干旱，不耐涝，以排水性良好、肥沃的沙壤土为佳。

分布： 中国大部分地区。

品种鉴别：

①甜罗勒：为罗勒属中以幼嫩茎叶为食的一年生草本植物，矮生，栽培最为广泛，也较为常见，形成紧实的植株丛，株高25~30厘米，叶片亮绿色，长2.5~2.7厘米，花白色，花茎较长，分层较多。

②斑叶罗勒：不同点在于茎深紫色至棕色，花紫色，叶片具有紫色斑点。

③丁香罗勒：顶生圆锥花序，花冠白色。丁香罗勒是提取丁香酚的原料植物，用以配制香水、花露水，并作为罐头食品的防腐剂和香料，多用于牙科的消毒剂之中。

④矮生罗勒：此品种植株较为矮小，密生，分枝性强，叶片很小，花白色，种子和其他品种无大区别。

⑤绿罗勒：此品种植株绿色，比较适合种植在花盆中，因其鲜嫩明快的翠绿色和特殊的芳香气味，很受人们的欢迎。花多为簇生，整个植株贴地面生长，花数量很多，形成很小的花簇。花色由玫瑰色至白色，与叶片深绿的颜色形成鲜明对比，多用作园艺植物。

食用方法：

①罗勒叶洗净后沥干，加入蒸熟的土豆泥中，按压成饼，放入平底锅中煎至两面金黄即可。

②罗勒叶洗净后，加入煮好的西红柿鸡蛋汤中，味道更加鲜美。

饮食宜忌： 气虚血燥者慎服。

功效主治： 嫩茎叶入药，具有疏风行气、化湿消食、活血解毒的功效，其叶提取的精油，可改善面部皮肤问题。

叶片两面近无毛，下面具腺点

叶片先端微钝或急尖，基部渐狭

茎直立，上部微具槽，基部无毛，多分枝

总状花序顶生于茎、枝上，花朵淡紫色

别名： 金不换、九层塔、圣约瑟夫草 | **性味：** 性温，味辛、甘 | **繁殖方式：** 播种 | **食用部位：** 嫩茎叶

毛罗勒

　　一年生草本，株高20~80厘米，直立生长，分枝较多，茎上密被疏柔毛。单叶对生，叶片呈长圆形，叶缘有疏锯齿，叶面还生有稀疏的白色柔毛。顶生轮伞花序，开花密集，花冠为淡粉红色或白色。黑褐色小坚果呈长圆形。

　　生活习性：喜温暖、湿润的环境，既不耐旱，又不耐寒。

　　分布：云南大部分地区，中国华北至江南各地。

　　食用方法：

　　①采摘嫩茎叶后洗净，放入榨汁机中榨成汁，直接饮用。

　　②采摘嫩茎叶后洗净，入沸水焯烫后捞出，放入蒜、葱和肉片炒食。

　　饮食宜忌：一般人群皆可食用，尤适宜湿阻脾胃、纳呆腹痛、呕吐腹泻、外感发热、月经不调、跌打损伤或皮肤湿疹的患者。

　　功效主治：嫩茎叶入药，具有健脾化湿、祛风活血的作用，可辅助治疗呕吐腹泻、月经不调、外感发热等症。

花序为多数轮伞花序组成的顶生穗状花序

叶片先端微钝或急尖，基部渐狭

茎直立，上部微具槽，密被疏柔毛

小坚果长圆形，呈黑褐色

别名：香菜、假苏、姜芥 | 性味：性温，味辛 | 繁殖方式：播种 | 食用部位：嫩茎叶

益母草

一年生或二年生草本，株高30~120厘米，直立生长，分枝较多。茎部呈钝四棱形，上面稍有凹槽。叶为掌状三回分裂，叶片呈长圆状菱形至卵圆形。腋生轮伞花序，开粉红色至淡紫红色花，一般为8~15朵。淡褐色小坚果呈长圆状三棱形，外表光滑无毛。

生活习性：喜温暖、湿润的气候，喜阳光，以较肥沃的土壤为佳。

分布：中国各地。

食用方法：

①嫩茎叶洗净后入沸水焯一下，盐渍后速冻保鲜，可作凉菜食用。

②嫩茎叶洗净后，加入大米，熬煮成粥即可。

饮食宜忌：孕妇慎用，无瘀滞或阴虚血少者忌用。

功效主治：嫩茎叶入药，能利尿消肿、清热解毒、活血调经；含有多种微量元素，主要用于月经不调、痛经闭经、恶露不尽、水肿尿少、疮疡肿毒等症。

轮伞花序腋生，轮廓为圆球形，花冠粉红至淡紫红色

叶脉稍下陷，下面淡绿色，被疏柔毛及腺点

茎直立，微具槽，多分枝

别名：益母蒿、益母艾、红花艾 | 性味：性微寒，味苦、辛 | 繁殖方式：播种 | 食用部位：嫩茎叶

夏枯草

多年生草本，株高可达30厘米，匍匐生长。分枝多集中在茎基部，为浅紫色。叶片呈卵状长圆形、狭卵状长圆形或卵圆形。轮伞花序构成穗状花序，开紫色、蓝色或红紫色花，花萼呈钟形。

生活习性：

温度 喜温暖、湿润的环境，生长适温为18~25℃。

光照 喜阳光充足的环境，可接受强烈光照。

土壤 对土壤要求不高，以排水性良好的沙壤土为佳。

分布：中国大部分地区。

品种鉴别：

①白花变种：该变种与原变种的不同在于花白色。

②狭叶变种：这一变种与原变种的不同在于叶全缘，披针形至长圆状披针形，长1.5~4厘米，宽6~10毫米，无毛或疏生柔毛。

食用方法：

①采摘嫩叶后洗净，放入榨汁机中榨成汁，直接饮用。

②采摘嫩叶后洗净，入沸水焯烫后捞出，放入蒜、葱和肉片炒食。

饮食宜忌：脾胃寒弱者慎食。夏枯草性寒，不宜长期、大量食用。

花朵外面疏生刚毛，二唇形，上唇扁平，宽大

叶片先端钝，基部圆形、截形至宽楔形

功效主治：嫩叶入药，具有清肝泻火、明目、散结消肿的功效，可缓解乳痈、目痛、黄疸、带下异常、头痛眩晕等症。

别名：铁色草、广谷草、棒槌草 | 性味：性寒，味苦、辛 | 繁殖方式：播种 | 食用部位：嫩叶

香薷

一年生直立草本，株高30~50厘米。茎呈钝四棱形，无毛或被疏柔毛，中部以上开始分枝。叶片呈卵形或椭圆状披针形，叶端渐尖，叶缘有锯齿，绿色。穗状花序，向一边偏斜，开淡紫色花。

生活习性： 喜温暖、湿润环境，地上部分不耐寒。

分布： 主产于江西、河北、河南等地，以江西产量大、质量好。

食用方法： 嫩茎叶用沸水汆烫后，用清水漂净，可炒食或凉拌。

①将香薷择洗干净，放入锅中，加适量清水，水煎取汁，加大米煮粥，待熟时调入白糖，再煮2分钟即可。

②将白扁豆炒黄捣碎，与香薷、陈皮、荷叶一同水煎，煮沸10分钟后，去渣，用白糖调味即可。

饮食宜忌： 气虚、阴虚或表虚多汗者不宜食用。传统习惯认为，香薷热服易引起呕吐，故宜凉服。

功效主治： 嫩茎叶入药，具有发汗解表、化湿和中、利水消肿的作用，可缓解风寒感冒。

穗状花序偏向一侧，花冠淡紫色

茎自中部以上分枝，钝四棱形

叶片上面绿色，疏被小硬毛，下面淡绿色

别名： 野苏麻、香绒、石香茅、香薷草 | **性味：** 性微温，味辛 | **繁殖方式：** 播种 | **食用部位：** 嫩茎叶

宝盖草

一年生或二年生草本，株高10~30厘米。茎呈四棱形，内部中空。叶片呈圆形或肾形，叶端圆钝，叶缘有圆形深齿，叶面、叶背均有稀疏的糙伏毛；叶片上部为暗橄榄绿色，下部颜色则稍浅。腋生伞状花序，具柔毛，开紫红色或粉红色花。

生活习性： 喜温暖、湿润的环境，生长范围较广。

分布： 中国江苏、浙江、四川、江西、云南、贵州、广东、广西、福建、湖南、湖北、西藏等地。

食用方法：

①嫩茎叶洗净，入沸水焯烫，捞出洗净后，加入白糖、盐、香油凉拌，即可食用。

②将嫩茎叶洗净，入沸水焯烫2分钟，捞出沥干。起锅烧油，加入鸡胸肉片，炒至半熟后加入宝盖草，翻炒至全熟盛出。

饮食宜忌： 适宜筋骨疼痛、面神经麻痹、跌打损伤者食用。

功效主治： 嫩茎叶入药，具有活血止痛、祛风利湿、润肺止咳的作用。

花朵外面密被白色直伸的长柔毛

叶面、叶背均有稀疏的糙伏毛

别名： 接骨草、莲台夏枯草、珍珠莲 | **性味：** 性微温，味苦、辛 | **繁殖方式：** 播种 | **食用部位：** 嫩茎叶

野芝麻

多年生草本，株高可达1米，直立生长，中空，无分枝。茎上是四棱，且被粗毛。叶片对生，呈卵圆形或肾形，叶缘有粗齿。顶生轮伞花序，开白色或浅黄色花。淡褐色小坚果呈倒卵圆形，上端截形，下端渐窄。

生活习性： 喜温暖、潮湿的环境，忌阳光暴晒。

分布： 中国东北、华北、华东等地区。

品种鉴别：

①硬毛变种：该变种与原变种的不同在于，茎被倒生硬毛，稍坚硬，但不是锐四棱形。

②坚硬变种：该变种与原变种的不同在于，茎锐四棱形，坚硬，被伏贴倒向短硬毛；果萼坚纸质，长2厘米，直径5~6毫米，被疏短柔毛。

③近无毛变种：该变种与原变种的不同在于，茎近无毛；叶两面疏被贴生短柔毛；果萼长1.1~1.2厘米，直径约3毫米，外面近无毛。

食用方法：

①采摘来的鲜嫩野芝麻叶放入沸水中焯熟，用冷水过凉，沥干备用，切成段；配以香油、酱油、盐、白糖、米醋、蒜泥、味精调拌均匀，即可食用。

②将野芝麻叶择洗干净，入沸水焯过，再用清水浸泡一夜，切成段；炒勺置大火上，放入油烧至七成热，下葱丝、蒜末煸香，再放入野芝麻叶段，加盐、味精炒匀，淋上香油，出锅装盘即成。

饮食宜忌： 一般人群皆可食用，尤适宜肺热咯血、血淋、月经不调、崩漏、白带异常、胃痛、小儿疳积、跌打损伤或肿毒患者。

功效主治： 全草入药，具有凉血止血、利尿通淋、散瘀消肿、调经利湿的作用，可缓解肺热咯血、痛经、月经不调、小儿虚热、跌打损伤、小便不利等症。

茎上部的叶卵圆状披针形，较茎下部的叶长而狭

轮伞花序顶生

茎直立，具四棱，中空

小坚果呈倒卵圆形，淡褐色

别名： 地蚤、山苏子、山麦胡 | **性味：** 性平，味甘、辛 | **繁殖方式：** 茎插 | **食用部位：** 嫩叶

活血丹

多年生草本，株高10~30厘米，匍匐生长。根会逐茎节而生。茎呈四棱形，幼时被稀疏的长柔毛，后逐渐消失。草质叶片呈心形或近肾形，叶端急尖或呈钝三角形，叶缘有圆齿或粗锯齿，叶面被稀疏的粗伏毛或微柔毛。开淡蓝色、蓝色至紫色花。

生活习性：生命力顽强，常位于林缘、疏林下、草地上或溪边等阴湿处。

分布：中国除甘肃、青海、新疆及西藏外均有。

食用方法：

①洗净去根，取嫩芽叶，入沸水锅焯熟后，捞出用清水漂洗，加油、盐炒熟，即可食用。

②嫩芽叶洗净后，入沸水锅焯熟，捞出加入香油、醋、盐、白糖，凉拌即可。

饮食宜忌：孕妇和哺乳期女性应禁食，食用过多，有可能引起恶心及眩晕。活血丹适合单泡，不适宜搭配其他花茶。

功效主治：嫩芽叶入药，具有利湿通淋、清热解毒、散瘀消肿等功效，可缓解热淋石淋、湿热黄疸、疮痈肿痛、跌打损伤等症。

叶草质，下部者较小，叶片呈心形或近肾形

花淡蓝、蓝色至紫色

茎呈四棱形，几乎无毛

别名：遍地香、地钱儿、钹儿草、铜钱草 | 性味：性凉，味苦、辛 | 繁殖方式：播种 | 食用部位：嫩芽叶

甘露子

多年生草本，株高30~120厘米。须根主要生长在茎基部。白色的根茎多数匍匐在地面，茎节上还长有鳞状叶和少数须根，块茎肥大，呈念珠形或螺蛳形。叶片呈卵圆形。轮伞花序开粉红色至紫红色花，下唇上还点缀有紫色斑点。

生活习性：喜温暖、湿润的环境，不耐热，不耐寒，也不耐旱，常生长在近水源处。

分布：中国大部分地区。

品种鉴别：

①软毛变种：这一变种与原变种的不同在于，植株被灰白毛，密集或常疏生，虽平展及直伸，但很纤细而短。

②近无毛变种：这一变种与原变种的不同在于，植株各部近于无毛。

食用方法：块茎可制蜜饯、酱渍或腌渍品，以凉拌为主，还可制成咸菜或罐头。

饮食宜忌：脾胃虚弱或腹泻腹痛者不可食用。

花朵外具腺柔毛，内面无毛

叶片先端微锐尖或渐尖

根茎白色，顶端有螺蛳形或念珠形肥大块茎

功效主治：块茎入药，性平，味甘、辛，具有祛风利湿、活血散瘀的功效。

别名：宝塔菜、地蚕、草石蚕、土人参 | 性味：性平，味甘、辛 | 繁殖方式：播种 | 食用部位：块茎

地笋

多年生草本，株高0.6~1.7米，直立生长。茎上有茎节，绿色。叶片呈长圆状披针形，叶端渐尖，叶缘有锯齿，两面或上面具光泽，为亮绿色。腋生轮伞花序，开花密集，花冠为白色。褐色小坚果呈倒卵状。

生活习性：

温度 喜温暖的气候，在6~7月高温多雨季节生长旺盛。

光照 喜欢充足的光照，阳光充足则长势较好。

水分 适当灌溉，以保持湿润为度，勿使土壤干旱。

土壤 在土层深厚、富含腐殖质的壤土或沙壤土中栽培为宜。

分布：黑龙江、吉林、辽宁、河北、陕西、四川、贵州、云南等地。

播种方式：

根茎 在采挖根茎时，选色白、粗壮、幼嫩的根茎，切成10~15厘米长的小段，按行距30~45厘米、株距15~20厘米，立即栽种，每穴栽2~3段，覆土5厘米厚，稍压后浇水。冬种的于次年春出苗，春种10天左右出苗。

种子 种子采收后，于3~4月条播，行距30厘米，播后覆土，稍压。种子发芽率达50%~60%。土壤温度在17~20℃，播种后，约10天出苗。

饮食宜忌：脾胃虚弱、腹泻腹痛者不宜食用地笋。

食用方法：

①地笋茎洗净后晾干水分，加入生抽、料酒和少量白糖，在炒锅中与五花肉一起炒制即可。

叶片长圆状披针形，边缘具锯齿

花冠白色，外面在冠檐上具腺点，内面在喉部具白色短柔毛

茎直立，通常不分枝，绿色

②准备五六个红辣椒和适量蒜，把红辣椒和蒜全部切成细末；在炒锅中放适量食用油，把蒜末和红辣椒末入锅炒香，再放入洗净后的地笋茎，大火快炒即可。

功效主治：嫩茎叶入药，具有利尿消肿、活血祛瘀的作用，其富含淀粉、蛋白质、矿物质，可为人体提供丰富的能量。主要用于缓解月经不调、闭经、痛经、产后瘀血腹痛、水肿等症。

別名：泽兰根、地蚕子、野三七 | 性味：性平，味甘、辛 | 繁殖方式：根茎、播种 | 食用部位：嫩茎叶、匍匐茎

红薯叶

一年生草本，分枝较多。根为圆形或纺锤形块根。茎可向上生长，也可平卧在地面，茎为绿色或紫色，且上面有棱。叶片呈宽卵形，叶基为心形或近截形，有浓绿、黄绿、紫绿等颜色。腋生聚伞花序，开粉红色、白色、淡紫色或紫色花，花呈钟状或漏斗状。

生活习性：红薯叶适应性强，耐旱，也耐贫瘠。

分布：中国各地均有。

食用方法：

①采摘嫩叶的叶尖食用，洗净、焯水后，可凉拌、煲汤等。

②选取鲜嫩的叶尖，用沸水烫熟后，加香油、酱油、醋、辣椒油、芥末、姜汁等调料，制成凉拌菜。

③红薯叶用清水冲洗干净；起锅烧油，先加入番茄炒出汁，再放入红薯叶翻炒，最后加入调料即成。

饮食宜忌：胃肠积滞者及肾功能障碍的特殊人群不宜多食。

功效主治：嫩叶入药，具有明目护眼、强身益气、

茎平卧或上升，多分枝，圆柱形或有棱

叶片顶端渐尖，两面被疏柔毛或近于无毛

地下部分为圆形或纺锤形块根

健脾消食、生津润燥的功效，还有提高机体免疫力、止血、解毒等诸多功能。

别名：地瓜叶、番薯叶、红薯菜 | **性味：**性温，味甘 | **繁殖方式：**扦插 | **食用部位：**嫩茎叶

打碗花

一年生草本，株高8~30厘米，匍匐生长。白色的根呈细长状。茎细弱，上有细棱。单叶互生，呈长圆形，叶端圆钝。花腋生，为淡紫色或淡红色。

生活习性：喜冷凉、湿润的环境，适宜在沙土中生存。

分布：中国各地均有。

食用方法：

①将打碗花嫩茎叶洗净，放入沸水焯一下，捞出，沥干水分。将鸡蛋磕入碗内搅匀，加盐、葱花和打碗花拌匀，蒸熟后淋上香油，撒上香菜段即可。

②将打碗花嫩茎叶择洗干净，放入沸水中焯一下，再用凉水过凉，切成小段。汤锅置于火上，放入猪油，油热后下葱、姜末炝锅，放入1000毫升高汤；汤开后放豆腐块、打碗花、盐；再开后煮2~3分钟，即可食用。

饮食宜忌：根茎含生物碱，有毒，不可多食。

功效主治：根状茎入药，具有健脾益气、利尿除湿、调经止带的作用，还

花冠淡紫色或淡红色，钟状

单叶互生，长圆形，基部心形或戟形

茎细弱，有细棱

可辅助缓解消化不良等脾虚症状。

别名：小旋花、面根藤、狗儿蔓、兔儿苗 | **性味：**性平，味甘、淡 | **繁殖方式：**根芽、播种
食用部位：嫩茎叶

鸭舌草

水生草本。短而粗的根状茎，或直立向上生长，或斜向上生长。叶片呈心状宽卵形、长卵形至披针形，叶端短尖或渐尖，叶基呈圆形或浅心形，叶面上有弧状脉。总状花序，开蓝色花，花朵3~5枚，花瓣呈卵状披针形或长圆形。

生活习性： 喜日光充足之处，生于潮湿地或稻田中。在18~32℃的环境中生长良好。

分布： 中国南北各地。

食用方法：

①嫩茎叶洗净去根，入沸水焯熟后，捞出，用清水漂洗，加油、盐炒熟，即可食用。

②嫩茎叶洗净后，入沸水锅焯熟，捞出，加入香油、醋、盐、白糖等调料，凉拌即可。

花瓣呈卵状披针形或长圆形

茎直立或斜向上生长

饮食宜忌： 本品性凉，尤适宜感冒高热、肺热咳喘、百日咳、咯血患者。虚寒性泻痢者禁用。

功效主治： 嫩茎叶入药，具有清热解毒的功效，可适当缓解感冒高热、肺热咳喘、痢疾、肠炎、急性扁桃体炎等症。

别名：水玉簪、鸭仔菜、合菜 | 性味：性凉，味苦 | 繁殖方式：播种 | 食用部位：嫩茎叶

雨久花

直立水生草本，株高30~70厘米。根状茎较粗壮，基部则有时带紫红色。叶片基生和茎生；基生叶呈宽卵状心形，叶脉多数为弧状脉；茎生叶围绕茎部，叶柄较短。顶生总状花序，开蓝色花，花瓣呈椭圆形，边缘圆钝。

生活习性： 喜充足光照，稍耐荫蔽，常生长在水边、池边及沼泽地等近水处。

分布： 中国东北、华南、华东、华中等地区。

食用方法：

①鲜花晒干后，可泡茶饮。

②嫩茎叶洗净后，入沸水锅焯熟，捞出，用清水漂洗，加油、盐炒熟，即可食用。

饮食宜忌： 一般人群皆可食用，尤适

花瓣椭圆形，蓝色

宜高热咳嗽或患有小儿丹毒的患者。

功效主治： 嫩茎叶、花朵入药，性凉，味甘，具有清热解毒的功效，常用于缓解高热咳嗽、小儿丹毒等症。

别名：浮蔷、蓝花菜、蓝鸟花 | 性味：性凉，味甘 | 繁殖方式：播种、分株 | 食用部位：嫩茎叶、花朵

凤眼莲

多年生宿根浮水草本，株高30~60厘米。棕黑色的须根较发达。茎部较短，匍匐枝淡绿色或略带紫色。叶片较厚，深绿色，有光泽，呈圆形或宽卵形，基部丛生，整体呈莲座状。穗状花序，开9~12朵紫蓝色花，花瓣呈卵形、长圆形或倒卵形。花期7~10月。

生活习性：喜欢温暖湿润、阳光充足的环境，适应性很强。适宜水温为18~23℃，超过35℃也可生长，水温低于10℃则停止生长，但具有一定耐寒性。

分布：中国长江、黄河流域及华南各地区。主要生于水塘、沟渠及稻田中。

食用方法：

①嫩茎叶用沸水稍稍浸烫，换清水浸泡，捞出沥干，加盐、醋、白糖等调料，拌好即可。

②嫩茎叶洗净备用，加入汤中，可以起到增味的效果。

饮食宜忌：一般人群皆可食用，尤适宜中暑烦渴、湿疹、风疹、肾炎性水肿或小便不利者。孕妇慎用。

功效主治：花和嫩茎叶入药，具有清热解暑、疏散风热、利水通淋的作用。主要用于中暑烦渴、风热感冒、小便不利及尿路结石等症。

穗状花序，花瓣蓝紫色

叶片两边微向上卷，顶部略向下翻卷

叶片较厚，深绿色，有光泽

浮水草本，须根发达

别名：水葫芦、水浮莲 ｜ 性味：性凉，味淡 ｜ 繁殖方式：无性繁殖 ｜ 食用部位：嫩茎叶

龙葵

一年生直立草本，株高25~100厘米。茎为绿色或紫色，一般无毛，但有时也稍被白色柔毛。叶片卵形，叶端短尖，叶基楔形至阔楔形，叶缘有不规则的波状粗齿，此外，表面光滑无毛。蝎尾状花序，开白色花。球形浆果，未成熟时淡绿色，成熟时黑色。

生活习性： 适宜生长温度为22~30℃，对土壤要求不高，在有机质丰富的壤土中生长良好。

分布： 中国大部分地区。

食用方法： 嫩茎叶清洗干净后焯水，把里面的龙葵素去掉，然后剁碎，加入适量肉末，再加入自己喜欢的调料，调匀后直接用来作为包子或饺子馅料。

饮食宜忌： 适宜疮痈肿毒、皮肤湿疹、小便不利、老年慢性气管炎等患

花药黄色，花冠白色

叶卵形，全缘或具波状粗齿

茎直立，多分枝，稀被白色柔毛

浆果球形，未成熟时淡绿色

者。脾胃虚弱者忌服。

功效主治： 嫩茎叶入药，具有很强的清热解毒、活血消肿的功效，可缓解疔疮、尿路感染、肝炎、皮肤湿疹等症。

别名：野海椒、石海椒、野伞子 | 性味：性寒，味苦 | 繁殖方式：播种 | 食用部位：嫩茎叶

酸浆

多年生草本，株高50~ 80厘米。根匍匐生长。茎外被有柔毛。叶片呈长卵形、阔卵形或菱状卵形，叶端渐尖，叶面、叶背均被有柔毛。开白色花，花冠呈辐状，花裂片则呈短阔状。橙红色的浆果呈球状，汁液丰富，口感柔软，适合食用。

生活习性： 适应性很强，耐寒、耐热，喜凉爽、湿润气候。喜阳光，不择土壤。

分布： 甘肃、陕西、黑龙江、河南等省。

品种鉴别： 与挂金灯的区别在于挂金灯茎较粗壮，茎节膨大；叶缘有短毛；花梗近无毛或仅有稀疏柔毛，结果时无毛；花萼除裂片密生毛外筒部毛被稀疏，果萼毛被脱落而光滑无毛。

食用方法： 成熟的果实可以直接食

花冠呈辐状，白色，裂片开展

茎外被有柔毛

浆果球状，橙红色，柔软多汁

用，也可以糖渍、醋渍或做成果酱。

饮食宜忌： 孕妇及脾虚泄泻者禁服。

功效主治： 果实入药，有清热利湿、解毒、通利二便的功效，可缓解咽喉肿痛、肺热咳嗽、咽痛喑哑、急性扁桃体炎、小便不利和水肿等症。

别名：菇茑、戈力、灯笼草 | 性味：性寒，味酸、苦 | 繁殖方式：播种 | 食用部位：果实

珍珠菜

多年生草本，直立生长，全株皆密被黄褐色柔毛。茎呈圆柱形，茎基部为红色。单叶互生，呈长椭圆形或阔披针形，叶面、叶背均有黑色的粒状腺点，叶端渐尖，叶基渐狭。顶生总状花序，常侧向一边，苞片呈线状钻形，花冠则为白色。

生活习性：虽喜温暖的环境，但对温度的要求并不高，对土壤的适应性很强，可生长在山坡林缘和草丛中及平原地区。

分布：中国东北、华北、华南、西南地区及河北、陕西等地。

食用方法：嫩叶、嫩梢入沸水略烫，用水漂洗后，可做蛋花汤。

饮食宜忌：孕妇忌服。

功效主治：嫩梢、嫩叶入药，具有活血散瘀、解毒消肿的作用。适用于水肿、黄疸、痢疾、风湿热痹等症。

总状花序顶生，花密集，白色

叶片先端渐尖，基部渐狭，两面散布黑色粒状腺点

> 别名：调经草、尾脊草、九节莲 | 性味：性平，味苦、辛 | 繁殖方式：扦插 | 食用部位：嫩梢、嫩叶

过路黄

多年生草本。茎匍匐生长，细长而柔弱，长20~60厘米，一般无毛，有时也被有疏毛。叶片对生，呈卵圆形、近圆形至肾形，叶端尖利或圆钝，叶基为截形至浅心形。花从叶腋抽出，单生，开黄色花。

生活习性：喜温暖、阴凉、湿润的环境，不耐寒。适宜疏松、肥沃、腐殖质较多的沙土。

分布：江西、浙江、湖北、湖南、广西、贵州、四川、云南等地。

食用方法：

①过路黄嫩苗洗净后煎汁去渣；将猪腩肉洗净切块，与大米、过路黄汁同煮成粥。

②将鲤鱼去鳞、鳃及内脏，与清洗干净的过路黄嫩苗、车前草、砂仁加水同煮，鱼熟后加盐、姜等调味即可。

饮食宜忌：常与其他药物配伍，适合黄疸初起、尿路结石、胆囊炎、胆结石、黄疸型肝炎等症的患者食用。

功效主治：嫩茎叶入药，具有清热解毒、祛风散寒的作用。可以缓解感冒、咳嗽、头痛、身痛、腹泻等症。

叶片基部截形至浅心形，鲜时稍厚

花单生于叶腋，花冠黄色

茎柔弱，平卧延伸

> 别名：金钱草、真金草、走游草 | 性味：性寒，味苦 | 繁殖方式：种子、播种 | 食用部位：嫩苗

蓼科

酸模

花单性，雌雄异株

多年生草本。茎直立，高40~100厘米，细弱，不分枝。单叶互生，椭圆形或披针状长圆形，先端急尖或圆钝，基部箭形，全缘或微波状。圆锥花序顶生，分枝疏而纤细，花簇间断着生，每一簇有花数朵，花呈淡紫红色。

生活习性：适应性很强，喜阳光，较耐寒，土壤酸度要适中。多生于山坡、路边或沟谷溪边。

分布：中国各地。

食用方法：

①嫩茎叶洗净去根，入沸水焯熟后，捞出，用清水漂洗，加油、盐炒熟，即可食用。

②嫩茎叶洗净后，入沸水焯熟，捞出加入香油、醋、盐、白糖等调料，凉拌即可。

饮食宜忌：适宜小便不通、吐血、便血、月经过多患者食用。孕妇禁用。

功效主治：嫩茎叶入药，具有凉血止血、泻热通便、利尿、杀虫的作用。

茎直立，细弱

叶片先端急尖或圆钝，基部裂片急尖

别名：山大黄、野菠菜、当药、山羊蹄 | 性味：性寒，味酸、微苦 | 繁殖方式：播种 | 食用部位：嫩茎叶

酸模叶蓼

花紧密，通常由数个花穗组成圆锥花序

一年生草本，株高40~90厘米，直立生长，具分枝。茎中空，外无毛。单叶互生；上部叶片较窄，呈披针形，叶柄也较短；下部叶片呈卵形，叶基为箭形或近截形，叶缘有时为波状。顶生圆锥花序。

生活习性：生于路旁、水边或沟边湿地，适应性较强。

分布：中国南北各地。

品种鉴别：

①绵毛酸模叶蓼：该变种与原变种的区别是叶下面密生白色绵毛。

②密毛酸模叶蓼：该变种与原变种的区别在于全株密被白色绵毛。

食用方法：

①取嫩叶入沸水焯烫，捞出切段，加入盐、味精、酱油、白糖、香油等调料拌匀。

②取嫩叶入沸水焯烫，捞出沥干水分，加入蛋糊后摊成蛋饼，盛出即可。

饮食宜忌：一般人群均可食用。孕妇慎食。

功效主治：全草入药，具有利湿解毒、散瘀消肿、消炎止痛、止吐止痒的作用，可以有效缓解水肿。

茎直立，具分枝，无毛，节部膨大

别名：旱苗蓼、斑蓼、柳叶蓼 | 性味：性寒，味酸、微苦 | 繁殖方式：播种 | 食用部位：嫩叶

紫蓼

多年生草本，株高可达1米，直立生长。茎为棕褐色，茎节呈膨大状。叶片呈披针形，叶端渐尖，叶面、叶背被伏毛，上面还有细小腺点。穗状花序，开白色或淡红色花，一般开4~6朵。黑色瘦果呈卵圆形，外表光滑无毛。

花朵苞片及小苞片为膜质

叶片披针形，先端渐尖

生活习性：生于水沟边、山坡及湿地。

分布：江苏、安徽、浙江、福建、四川、湖北、广东、台湾等地。

食用方法：

①嫩茎叶入沸水焯烫，捞出切段，加入盐、味精、酱油、白糖、香油等调料拌匀。

②嫩茎叶入沸水焯烫，捞出沥干水分，加入蛋糊后摊成蛋饼，盛出即可。

饮食宜忌：适宜肾虚体亏者、中老年保健者、抵抗力低下者或病后调理者。

功效主治：幼苗入药，具有祛湿利尿、散寒活血、止痢、淡化色斑、抗衰防皱、提高免疫力、延缓衰老、保护心脏及肝脏的功效。

别名：桑蚕虫草、家蚕虫草 | 性味：性平，味辛 | 繁殖方式：播种 | 食用部位：嫩茎叶

红蓼

花紧密，微下垂，通常数朵再组成圆锥花序

一年生草本，株高可达2米，直立生长。茎部中空，外有茎节。叶片呈宽卵形、宽椭圆形或卵状披针形，叶面、叶背均被短柔毛。顶生或腋生圆锥花序，开淡红色或白色小花，呈下垂状。瘦果近圆形，呈黑褐色。

生活习性：喜温暖、湿润的环境，要求光照充足。喜肥沃、湿润、疏松的土壤，但也能耐瘠薄。

分布：广布于除西藏外的其他地区。

食用方法：

①嫩叶入沸水焯烫，捞出切段，加入盐、味精、酱油、白糖、香油等调料拌匀。

②嫩叶入沸水焯烫，捞出沥干水，加入蛋糊后摊成蛋饼，盛出即可。

饮食宜忌：一般人群皆可食用，尤适宜风湿痹痛、痢疾、吐泻转筋、水肿或脚气患者。

功效主治：嫩叶入药，有活血止痛、祛风除湿、清热解毒等功效，可适当缓解风湿痹痛、痢疾、咳嗽、麻疹不透等症。

叶片顶端渐尖，基部圆形或近心形，微下延

别名：东方蓼、大毛蓼、天蓼、荭草 | 性味：性平，味辛 | 繁殖方式：播种 | 食用部位：嫩叶

水蓼

一年生草本，株高40~70厘米，直立生长，但有时茎基部也呈匍匐状生长。红紫色的茎光滑无毛，茎节呈膨大状，上面还长有须根。叶片互生，呈椭圆状披针形，叶端渐尖，基部楔形，一般无毛，但有时叶脉及叶缘处也有少量小刺状毛。顶生总状花序。

生活习性：喜温暖、水湿、日照充足的环境，不耐寒。一般生长于河滩、水沟边及山谷湿地。

分布：中国各地。

繁殖方法：

苗床选择：水蓼喜湿润，也能适应干燥的环境，对土壤的肥力要求不高，只需阳光充足、平整的田块即可。

播种时间：播种期以4月下旬到5月上旬为最佳。

播种方法：由于水蓼种子小、顶土能力弱，播前将种子放在15~20℃的水中浸泡3~5天，苗床浇透水，覆土要薄，采用直播更有利于出苗。

预备定植：为防止苗徒长，培育壮苗，本叶长到3片的时候进行预备定植。定植选择早晚凉爽时或阴天进行，移植前浇透水，以减少对水蓼根系的伤害，有利于植株存活。

食用方法：取嫩茎叶，入沸水焯烫，捞出切段，加入盐、味精、酱油、白糖、香油等调料拌匀。

饮食宜忌：不可过量食用，女性月经期不宜食用。

功效主治：嫩茎叶入药，具有行滞化湿、散瘀止血、祛风止痒、清热解毒的功效。主要用于脘闷腹痛、泄泻、崩漏、血滞经闭、跌打损伤、便血、湿疹等症。

叶片被褐色小点，有时沿中脉具短硬伏毛

茎直立，多分枝，无毛，节部膨大

别名：辣蓼、虞蓼、蔷蓼、蔷虞 | **性味：**性平，味辛、苦 | **繁殖方式：**根茎分株、播种 | **食用部位：**嫩茎叶

虎杖

多年生草本，株高1~2米，直立生长。粗壮的根状茎内部中空，上面有明显的纵棱和小突起，并带有红色或紫红斑点。叶片呈宽卵形或卵状椭圆形，叶端渐尖，叶基呈宽楔形、截形或近圆形。圆锥花序。

生活习性：喜温暖、湿润性气候，对土壤要求不高，根系很发达，耐旱力、耐寒力较强。

分布：陕西南部、甘肃南部、华东、华中、华南等地。

繁殖方法：虎杖繁殖一是用种子、二是用根茎，生产中多用带有根芽的根茎来繁殖，其特点是材料易得、移栽易成活、见效快；而种子繁殖不但见效慢，而且由于种子的发芽率低而繁殖系数不高，多不采用，一般采用根茎繁殖。

食用方法：

①嫩苗洗净，入沸水焯熟后，换凉水浸泡2~3个小时，捣碎后和面，做成窝头蒸食。

②嫩苗洗净，入沸水焯熟后，加盐、香油凉拌，即可食用。

饮食宜忌：孕妇慎用。虎杖性寒，可引起肝脏损伤，甚至会导致血小板减少，须注意。

叶片疏生小突起，两面无毛

茎直立，具明显的纵棱

功效主治：嫩叶、根入药，具有清热解毒、利胆退黄、止咳化痰、散瘀止痛的功效。适用于湿热黄疸、淋浊、带下异常、风湿痹痛等症。

别名：花斑竹、酸筒杆、酸汤梗 | 性味：性微寒，味微苦 | 繁殖方式：播种、分根 | 食用部位：嫩叶

苦荞麦

一年生草本，株高30~70厘米，直立生长，有分枝。有膜质的托叶，为黄褐色，叶鞘呈偏斜状。顶生或腋生总状花序，开稀疏的白色或淡红色花，花被片呈椭圆形。结黑褐色瘦果，整体呈长卵形，外表面光泽暗淡，上面还长有3条棱和3条纵沟。

生活习性：适应性较强，尤其能耐严寒的天气和贫瘠的土壤。特别适应在干旱的丘陵地区和凉爽的气候中生长。

分布：黑龙江、吉林、内蒙古、河北、山西、陕西、甘肃、青海、四川、云南等地。

食用方法：胃寒患者可用苦荞麦种仁加大米煮粥食用，以缓解胃寒，理气止痛。

饮食宜忌：一般人群皆可食用，尤适宜高血压、高脂血症、动脉硬化、冠心病、脑梗死后遗症的患者。

功效主治：嫩叶、种仁入药，具有理气止痛、健脾利湿的功效，对胃酸分泌过多有抑制作用，并且是糖尿病患者食用的较佳选择。可适当缓解胃胀痛、气滞消化不良、腰腿疼痛、跌打损伤等症。

总状花序，顶生或腋生，花排列稀疏

种仁具有健脾消食、排毒养颜的功效

别名：菠麦、乌麦、花荞 | 性味：性平，味苦 | 繁殖方式：播种、根茎或扦插 | 食用部位：种仁

酢浆草

多年生草本，株高10~35厘米，全株密被短柔毛，分枝较多。茎细弱。叶互生或基生，托叶呈长圆形或卵形，叶缘还被有长柔毛；此外，还有小叶3枚，呈倒心形，但无叶柄。花单生或呈伞状花序，开黄色花，花瓣5枚，呈长圆状倒卵形。

花丝白色，半透明，有时被有短柔毛

生活习性：喜温暖、湿润且阳光充足的环境，但夏季需遮半阴，抗旱能力较强，不耐寒。

分布：中国各地。

食用方法：

①嫩茎叶洗净后，入沸水焯熟，捞出，用清水漂洗，加入香油、醋、盐等调料，拌好即可。

②嫩茎叶洗净后，用沸水焯熟，捞出切碎，加入肉末搅拌，做成馅料食用。

饮食宜忌：孕妇及脾胃虚寒者慎服。

功效主治：嫩茎叶入药，具有清热利湿、凉血散瘀、解毒消肿的作用，可缓解湿热泄泻、月经不调、

叶片边缘密被长柔毛，基部与叶柄合生

咽喉肿痛、跌打损伤、痢疾、尿路感染等症。

别名：三叶酸、酸味草、钩钩草 | **性味：**性寒，味酸 | **繁殖方式：**播种 | **食用部位：**嫩茎叶

红花酢浆草

多年生直立草本。球状鳞茎生长在地下，上面光滑无毛。叶片基生，密被柔毛，有3枚小叶，呈扁圆状倒心形，叶端凹入，叶基呈宽楔形，叶面绿色，叶背浅绿色。伞状花序，开淡紫色或紫红色花，花瓣5枚，呈倒心形。

烫，换清水浸泡，捞出沥干，加盐、醋、白糖等，拌好即可。

②嫩茎叶洗净备用，加入小鸡炖蘑菇或鸡汤中增味。

饮食宜忌：适宜痛经、月经不调、白带增多、咽炎、牙痛或痔疮患者。因本品性寒，孕妇忌服。

花瓣5枚，淡紫色或紫红色

生活习性：生长于旷野村边、路旁阴湿处。

分布：广西、河北、福建、陕西等地。

食用方法：

①嫩茎叶用沸水稍稍浸

功效主治：嫩茎叶入药，具有清热解毒、散瘀消肿的作用，用于缓解咽炎、牙痛、肾盂肾炎、痢疾、月经不调、带下异常等症。

伞状花序，总花梗长

复叶，具3枚小叶，扁圆状倒心形

别名：大酸味草、南天七、夜合梅、三夹莲 | **性味：**性寒，味酸 | **繁殖方式：**分株、切茎 | **食用部位：**嫩茎叶

绞股蓝

多年生草本攀缘藤木，分枝较多。茎细弱。叶片膜质或纸质，绿色，上有小叶3~9枚，呈卵状长圆形或披针形，密生短柔毛，有时也无毛，叶面、叶背均被稀疏的短硬毛。

生活习性： 喜阴湿环境，忌烈日直射，耐旱性差。喜生长于山地的壤土或瓦砾处。富含腐殖质的中性、微酸性土或微碱性土壤中均适宜其生长。

分布： 陕西省南部和长江以南各省区。

品种鉴别： 毛果绞股蓝的果实密被硬毛状短柔毛，分布于中国云南省南部。

食用方法：

①绞股蓝鲜嫩茎叶洗净，用沸水焯一下，过凉水后切碎；黑米洗净，加适量水煮粥；粥熟后，加入绞股蓝碎和冰糖，调匀食用。

②将绞股蓝嫩茎叶洗净，用沸盐水焯至断生，过凉水后切碎；粉丝用沸水泡发，过凉水后切段；加蒜末、熟芝麻、盐、醋、味精、香油，拌匀后食用。

饮食宜忌： 少数患者食用后，会出现恶心呕吐、腹胀腹泻（或便秘）、头晕眼花、耳鸣等一系列不适症状，应立刻停食。

功效主治： 嫩茎叶入药，具有消炎解毒、止咳祛痰的作用，现多用作滋补强壮之药。

茎细弱，具分枝，无毛或疏被短柔毛

叶膜质或纸质，卵状长圆形或披针形

别名：七叶胆、小苦药 ｜ 性味：性凉，味苦、微甘 ｜ 繁殖方式：播种、枝条扦插、根状茎
食用部位：嫩茎叶

饭包草

多年生草本，茎上部向上生长，下部则匍匐生长，还被有稀疏的柔毛。叶片呈卵形，叶端圆钝或急尖，有叶柄。开蓝色花，花瓣呈圆形，总苞片呈漏斗状。

生活习性： 常生长在海拔2300米以下的湿地，宜选择湿润而肥沃的环境。

分布： 河北省及秦岭、淮河以南各地，特别是华东及长江流域以南各地。

食用方法：

①取嫩茎叶及未展开叶用沸水汆烫后，再用清水浸泡，加入蒜末炒熟即可。

②嫩茎叶洗净备用，加入小鸡炖蘑菇或鸡汤中增味。

饮食宜忌： 适宜小便不利者泡茶饮用。脾胃寒凉者不宜多食。

总苞片漏斗状，与叶对生

叶具明显叶柄，叶片卵形，顶端圆钝或急尖，近无毛

功效主治： 全草入药，具有清热解毒、利水消肿的作用。可以有效缓解小便短赤涩痛、赤痢、疔疮等病症。

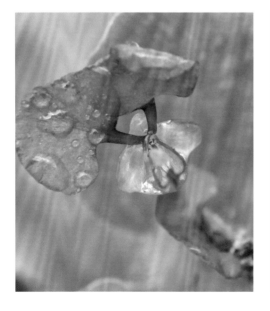

别名： 火柴头、马耳草、竹叶菜 | **性味：** 性寒，味苦 | **繁殖方式：** 播种、扦插 | **食用部位：** 嫩茎叶

牛繁缕

聚伞花序顶生

二年生或多年生草本。叶片呈卵形或宽卵形，叶端渐尖，叶基呈心形，叶缘波状；叶柄只有下部叶有，而上部叶经常没有。开白色花，花瓣有5枚，花序上还有白色短软毛。蒴果卵形。

生活习性：喜潮湿环境。生于河湖岸边、湿润草丛及水沟旁。

分布：中国各地。

食用方法：

①嫩茎叶洗净，入沸水略烫，用水漂洗后可做蛋花汤。

②嫩茎叶洗净，入沸水焯熟后，放入锅中加肉片炒熟，放盐即可。

叶端渐尖，基部呈心形，有时边缘具毛

蒴果卵形，稍长于宿存萼

饮食宜忌：脾胃虚寒者慎食。

功效主治：嫩茎叶入药，具有清热化痰、软坚散结的作用，可以缓解甲状腺肿大、淋巴结肿大、肺结核等症。

别名：鹅耳肠、鹅肠菜、伸筋藤 | 性味：性寒，味咸 | 繁殖方式：播种 | 食用部位：嫩茎叶

满天星

多年生草本，株高90厘米以上，直立生长，分枝较多。根部较粗壮。叶片呈披针形或条状披针形，叶端渐尖。圆锥状聚伞花序，开白色或淡红色花，花瓣呈匙形。球形蒴果分裂成4瓣。

生活习性：

温度 性喜温暖，生长适温为15~25℃。

光照 光照充足时生长更佳。

水分 适应性较强，耐旱。

土壤 要求土壤疏松、富含有机质。

分布：东北地区及湖南、江苏等地。

食用方法：

①嫩苗洗净，入沸水焯熟后，换凉水浸泡2~3个小时，捣碎后和面，做成窝头蒸食即可。

②嫩苗洗净，入沸水焯熟后，加盐、香油凉拌，即可食用。

饮食宜忌：适宜黄疸型肝炎、肾炎、百日咳、尿路结石或脚癣患者食用。满天星捣碎后外敷疮毒，还能杀菌消炎。

功效主治：嫩茎叶入药，具有清热明目、温中止痛、祛瘀消肿的功效，常用于缓解关节炎肿痛、目赤肿痛、角膜白斑等症。

花朵疏散，花小而多，花梗纤细，苞片三角形

别名：丝石竹、宿根满天星、锥花丝石竹 | 性味：性平，味淡、微苦 | 繁殖方式：播种 | 食用部位：嫩苗

女娄菜

叶片先端急尖,基部渐狭,中脉明显

聚伞花序,花瓣白色或淡红色

一年生或二年生草本,株高20~70厘米。植株被浓密的灰色短柔毛。木质化的主根略显粗壮。叶片呈线状披针形或披针形,叶端急尖。聚伞花序,开白色或淡红色花,花冠呈倒披针形,花瓣呈倒卵形。

生活习性: 生于海拔3800米以下的山坡草地或旷野路旁草丛中。

分布: 中国各地。

食用方法:

①嫩苗洗净,入沸水焯烫,捞出切段,加入盐、味精、酱油、白糖、香油拌匀即可。

②嫩苗洗净,入沸水焯烫,捞出沥干水,加入蛋糊后摊成蛋饼,盛出即可。

制作方式: 女娄菜适口性好,是很好的食材,适合多种烹饪加工,不仅适合蒸食,还可以炒食,也可凉拌或制成汤菜;可以和其他食材通过深加工,制成挂面等面食产品,丰富人们的食物类型。女娄菜对人们的健康,有较好的营养保健作用。

饮食宜忌: 一般人群皆可食用,尤适宜月经不调、乳少不下、小儿疳积、脾虚浮肿、疔疮肿毒、咽喉肿痛或中耳炎患者。

功效主治: 嫩苗入药,具有活血调经、利水下乳、健脾利湿、清热解毒的功效。主要用于月经不调、乳少、小儿疳积、疔疮肿毒等症。

相关配伍治疗:

①治产妇乳汁过少:女娄菜、黄芪各15克,当归9克。水煎服即可。(《宁夏中草药手册》)

②治乳汁不下:女娄菜15克,通草6克,沙参9克。炖猪脚食。(《全国中草药汇编》)

③缓解腰痛:女娄菜30克,墨鱼1条。水炖,加适量黄酒服。(《福建药物志》)

④治小儿疳积:女娄菜3克,研末,蒸黄花适量服,每日2次。(《贵州草药》)

⑤缓解月经不调:女娄菜15克,小血藤9克。煨汤温服,每日2次。(《贵州草药》)

别名:罐罐花、对叶草、对叶菜 | 性味:性平,味辛、苦 | 繁殖方式:播种 | 食用部位:嫩苗

康乃馨

多年生草本，株高70~100厘米，丛生，直立生长。植株有少量分枝，主要集中在茎上部。叶片呈线状披针形，叶端则渐尖，叶基为短鞘。花生于枝端，颜色有粉红色、紫红色或白色，会散发香气，花瓣呈倒卵形，外缘为不规则齿状，花萼则呈圆筒形。

生活习性:

温度　性喜温暖、湿润、阳光充足且通风良好的环境；不耐炎热，夏季呈半休眠状态。

光照　光照充足时生长更佳。

水分　对水分需求量较大，保持土壤湿润即可。

土壤　适宜土质松软、透气性良好且富含腐殖质的肥沃土壤。

分布: 福建、湖北等地。

品种鉴别:

①花境类：耐寒性较强，植株较矮，花梗短，春夏开花。包括各种变种和杂种，高30~75厘米。这些花朵的颜色多样，通常直径小于5厘米，并生长于结实的线茎上。蓝绿色的叶子很窄，包裹茎。叶和茎的交界处有肿胀。

②玛尔美生类：耐寒性较强，露地栽培容易，花茎数多，花瓣波状，是大型花和大型双色花指定的各种康乃馨。

③四季康乃馨：因全年开花而得名。植株高大，花茎强

花瓣扇形，花朵内瓣多呈皱缩状

叶脉平行，边缘粗糙

茎多丛生，圆柱形或具棱，有关节，节处膨大

韧，花大，重瓣，一般为温室栽培。切花多用此类品种。

食用方法:
花朵晒干后可泡茶饮，与勿忘草、紫罗兰、玫瑰一同泡饮，效果更佳。

饮食宜忌: 一般人群皆可食用，尤适宜牙痛、头痛、面部暗黄或虚劳咳嗽的患者。孕妇及脾胃虚寒者慎服。

功效主治: 花朵入药，具有美容养颜、安神止渴、清心明目、消炎除烦、生津润喉、健胃消积的功效。经常饮用，还能缓解头痛症状，达到清目养神的效果。

别名：香石竹、狮头石竹、麝香石竹 | 性味：性微凉，味甘 | 繁殖方式：播种、压条、扦插 | 食用部位：花朵

大麻科

啤酒花

多年生攀缘草本。除叶片外，整株植物都生有茸毛和倒钩刺。叶片呈卵形或宽卵形，叶端急尖，叶基呈心形或近圆形，叶缘有粗锯齿，叶面则被小刺毛。雌雄同株；雌花排列成穗状花序；雄花排列成圆锥花序，雄蕊为5。花期为7~8月。果实光滑无毛，但上面有油点；内藏扁平状瘦果；果期秋季。

生活习性：对光照要求较高，一般生长于光照较好的山地林缘、灌丛或河流两岸的湿地，且连片分布。在土壤较为肥沃的地区成片分布，植株高大，而土壤肥力较低的环境中一般生长不良，植株矮小。

分布：宁夏、甘肃、四川、陕西、云南和新疆北部。

食用方法：

①将啤酒花清洗干净，放入碗里，放上姜片，加入处理好的生菜碎，拌入肉末，捏成丸子，向碗里加入沸水，上锅蒸15分钟，即可连汤食用。

②嫩茎叶用沸水焯熟，加入炖煮的肉中，可提香增味，同时增加食材的营养。

饮食宜忌：适宜麻风病、肺结核、痢疾、消化不良、腹胀、浮肿、失眠患者食用。易过敏体质者忌食。

功效主治：雌花药用，具有健胃消食、利尿安神、抗结核、消炎的功效。主要用于消化不良、腹胀、浮肿及咳嗽等症。

茎呈藤状缠绕，有分枝，表面生有茸毛

雄花排列为圆锥花序，雌花为近球形穗状花序

叶片表面密生小刺毛，背面疏生小毛和黄色腺点

别名：忽布、蛇麻花、酵母花、酒花 ｜ 性味：性微凉，味苦 ｜ 繁殖方式：扦插、根茎、分株
食用部位：嫩茎叶、花

桔梗

多年生草本，株高20~120厘米，无分枝。根肉质肥厚，较为粗大，呈圆锥形，有时还有分叉，根的外表皮呈黄褐色。叶片轮生，呈卵形或卵状披针形，叶缘有细锯齿。顶生假总状花序，开蓝色或紫色大花。球状蒴果。

生活习性：喜光照充足、温暖和湿润凉爽的气候。

分布：中国东北、华北、华东、华中地区。

食用方法：嫩叶采摘后洗净，入沸水锅焯熟，捞出后加入香油、醋、盐、白糖等调料，凉拌即可。

饮食宜忌：凡气机上逆、呕吐、呛咳、阴虚久咳、阴虚火旺或咳血者不宜服用；胃溃疡或十二指肠溃疡者慎服。内服过量，可引起恶心呕吐。

功效主治：根、嫩叶入药，是我国传统的中药材，具有宣肺祛痰、利咽排脓的功效，常用于缓解咳嗽痰多、咽喉肿痛、胸闷不畅、肺痈吐脓等症。

花冠大，呈蓝色或紫色

茎通常无毛，偶密被短毛，不分枝

叶片上面无毛而绿色，下面常无毛而有白粉

根粗大，肉质，圆锥形或有分叉，表皮呈黄褐色

别名：包袱花、铃铛花、僧帽花 | **性味**：性平，味苦、辛 | **繁殖方式**：播种 | **食用部位**：嫩叶

党参

多年生草本。根部肉质肥厚，呈纺锤状，为灰黄色，上部有细密的环纹，下部则生有稀疏的皮孔。分枝较少，一般在茎的中下部有少数分枝。枝端开淡紫色花，花与叶柄互生，花冠呈阔钟状，有花梗。

生活习性：喜温和、凉爽气候，耐寒，根部能在土壤中露地越冬。

分布：中国东北、华北及宁夏、甘肃、青海等地。

品种鉴别：

①缠绕党参：叶片较小，长1~4.5厘米，宽0.8~2.5厘米。花萼裂片长1~1.2厘米；花冠长1.8~2厘米。其余性状几乎与原变种完全一致。

②闪毛党参：叶片较小，长1~3厘米，宽0.8~2.5厘米。花萼裂片大，长1.5~2厘米，几乎与花冠等长。叶片上面常有闪亮的长硬毛。

食用方法：党参主要用来煲汤或作配料，具有滋阴补肾、补中益气的作用。

饮食宜忌：气滞或肝火盛者禁用。不宜与藜芦同用。

功效主治：根入药，临床常与白术、茯苓配伍，用来缓解中气不足所致的体虚倦怠、气血两亏、食少便溏等症。

花单生于枝端，淡紫色

干燥根表面黄棕色或灰黄色，多入药

别名：潞党参、黄参、西党参 | **性味**：性平，味甘 | **繁殖方式**：播种 | **食用部位**：根

展枝沙参

多年生草本，有白色乳汁。根块状，像胡萝卜。叶片轮生，呈菱状卵形至菱状圆形，叶缘有锯齿。圆锥花序，花朵的颜色一般有蓝色、蓝紫色，也有极少数是白色，花裂片则呈椭圆状披针形。

生活习性： 喜温暖或凉爽气候，耐寒，虽耐干旱，但在生长期也需要适量水分，以土层深厚肥沃、富含腐殖质、排水性良好的沙壤土为宜。

分布： 河北、山西、吉林、黑龙江、辽宁、山东等地。

食用方法：

①嫩茎叶洗净，放入沸水中焯熟，捞出沥干，加入盐、香油、醋、酱油凉拌即可。

②嫩茎叶洗净备用，加入汤中增味即可。

饮食宜忌： 一般人群皆可食用，风寒咳嗽者禁服。

花朵常为宽金字塔状，呈蓝色、蓝紫色

叶片顶端急尖至钝，极少短渐尖，边缘具锯齿

功效主治： 嫩叶、根入药，具有清热凉血、生津益胃、益气祛痰的功效。

别名： 荠苨、裂叶沙参、甜桔梗 | **性味：** 性寒，味甘 | **繁殖方式：** 播种 | **食用部位：** 嫩茎叶

杏叶沙参

多年生草本，无分枝。根呈圆柱形。茎部一般无毛，但有时也稍有白色短硬毛。叶片呈卵圆形至卵状披针形，叶缘有稀疏的锯齿。圆锥花序，开蓝色、紫色或蓝紫色花，花冠呈钟状，花裂片为三角状卵形。

生活习性： 一般生长在海拔2000米以下的山坡草地和林缘草地。

分布： 广西、江西、广东、河南、贵州、四川、山西、河北等地。

品种鉴别：

①杏叶沙参（原亚种）：至少茎下部的茎生叶有明显的叶柄，柄长可达2.5厘米。花萼裂片较宽，宽2~4毫米。花盘长1.5~2.5毫米，大多被毛。

②华东杏叶沙参（新亚种）：茎生叶近无柄或仅茎下部的叶有很短的柄，极少叶柄长达1.5厘米。花萼裂片较窄，宽1.5~2.5毫米。花盘长1~1.5毫米，多数无毛。

食用方法： 嫩茎叶洗净，放入沸水中焯熟，捞出沥干，加入盐、香油、醋、酱油凉拌即可。

饮食宜忌： 一般人群皆可食用，尤适宜疗疮肿毒或脸上有黑疱的患者。风寒作嗽者忌服。

花朵大而疏散，蓝色、紫色或蓝紫色

茎不分枝

叶片基部楔状渐尖

功效主治： 嫩茎叶入药，具有滋阴消渴、清热解毒的功效，可适当缓解肺热燥咳、虚劳久咳、咽干喉痛等症。

别名： 杏参、土桔梗、空沙参、长叶沙参 | **性味：** 性凉，味甘、微苦 | **繁殖方式：** 播种 | **食用部位：** 嫩茎叶

黄花菜

花橙黄色，有时在花蕾顶端带黑紫色

多年生草本，株高30~65厘米。叶片基生，呈狭长带状，茎下部的叶片重叠，上部则逐渐展开。花从叶腋间抽出，开橙黄色大花，一般开在茎顶端，呈漏斗形；黄色至黄褐色花蕾呈条状，稍卷曲，可制干成食品。

生活习性：

温度　地上部分不耐寒，地下部分耐低温，-10℃还可以存活。

光照　对光照要求不高。

水分　水分充足，花蕾发生多，生长较快。

土壤　对土壤要求不高，地缘或山坡均可生长。

分布：中国大部分地区。

品种鉴别：

①早熟型：有四月花、五月花、清早花、早茶山条子花等。

②中熟型：有矮箭中期花、高箭中期花、猛子花、白花、茄子花、杈子花、长把花、黑咀花、茶条子花、爆竹花、才朝花、红筋花、冲里花、棒槌花、金钱花、青叶子花、粗箭花、高垄花、长咀子花等。

③迟熟型：有倒箭花、细叶子花、中秋花、大叶子花等。

叶片下端重叠，向上逐渐展开

食用方法：

①干花蕾入沸水焯烫，捞出切段，加入盐、味精、酱油、白糖、香油拌匀。

②干花蕾洗净，入沸水焯烫，捞出沥干水分，加入蛋糊后摊成蛋饼，盛出即可。

饮食宜忌：鲜花不宜多食，特别是花药，因含有多种生物碱，易引起腹泻等中毒现象。

功效主治：

全草入药，具有散瘀消肿、祛风止痛、生肌疗疮的功效，常用于缓解跌打肿痛、劳伤腰痛、疝气疼痛、头痛、痢疾及疮疡溃烂等症。

干品呈黄色至黄褐色，条状，略卷曲

别名：萱草、忘忧草、金针菜 | 性味：性温，味苦、辛 | 繁殖方式：分株、分芽 | 食用部位：干花蕾

卷丹

百合科

多年生草本，株高80~150厘米。绿色的茎带紫色条纹，上面还生有白色绵毛。叶片呈矩圆状披针形或披针形，几乎无毛，只在叶端有些许白毛。开橙红色花，花瓣上还带有紫黑色斑点，花朵呈下垂状，还略卷曲。

生活习性：

温度 喜凉爽、湿润的气候，以15~28℃为宜。

光照 喜光照充足的环境，忌阳光直射。

水分 保持微湿即可。

土壤 适宜肥沃深厚、腐殖质多的土壤。

分布：江苏、浙江、湖南、安徽、江西等地。

食用方法：

①鳞茎、花朵入沸水略烫，用水漂洗后，可做蛋花汤。

②鳞茎、花朵入沸水焯熟后，放入锅中，加入肉片炒熟，放盐调味即可。

饮食宜忌：一般人群皆可食用，尤适宜阴虚久咳、痰中带血、失眠多梦或精神恍惚的患者。脾胃虚寒的患者应少食。

功效主治：鳞茎、花朵入药，具有养阴润肺、止咳化痰、清心安神的功效。可缓解一些慢性咳嗽、咽干、声音嘶哑等症。

苞片叶状，卵状披针形

叶片两面近无毛，先端有些许白毛

茎带紫色条纹，具白色绵毛

别名：虎皮百合、倒垂莲、黄百合 | **性味：**性微寒，味甘、微苦 | **繁殖方式：**分株 | **食用部位：**鳞茎、花朵

山韭

石蒜科

多年生草本。根状茎较粗壮，单生或聚生，外皮灰黑色至黑色，内皮白色，有时也带红色。叶片肥厚，呈狭条形至宽条形，叶基近半圆柱状，叶上部扁平，有时叶略呈镰状弯曲，叶端钝圆，叶缘和纵脉周围有时也有细糙齿。

生活习性：山韭种子在10~30℃的温度可以萌芽，15~25℃时的发芽率高于其他温度，15~25℃为萌芽的适宜温度，发芽率较高。主要生长在2000米以下的草原、草甸或山坡上。

分布：黑龙江、吉林、辽宁、河北、山西、内蒙古、甘肃等地。

食用方法：

①嫩叶洗净后挤干水分，切段，入水汆烫约20秒后捞起，加入蒜末、姜末及其他调料，搅拌均匀即可。

②嫩叶洗净后切成葱末大小，入锅炒香后加入打散的蛋液，拌匀；蛋液不用炒干，半熟即可。

饮食宜忌：一般人群皆可食用，特别适合脾胃虚弱、饮食不香的老人。

功效主治：全草入药，有健脾开胃、补肾缩尿的作用，可改善脾胃气虚、饮食减少、肾虚不固、小便频数等症，煎汤内服即可。

叶端钝圆，叶缘和纵脉周围有时具极细的糙齿

鳞茎近狭卵状圆柱形或近圆锥状

别名：山葱、柴韭、野韭菜 | **性味：**性平，味咸 | **繁殖方式：**播种 | **食用部位：**嫩叶

薤白

小花梗近等长，基部具小苞片
珠芽暗紫色

多年生草本。球状鳞茎为纸质或膜质，略带黑色，内皮则为白色。叶片中空，呈半圆柱状，上面有沟槽。伞状花序，开密集的淡紫色或淡红色花，花葶呈圆柱状，花被片呈卵形至披针形，内有花丝。

生活习性：喜温暖、湿润的环境，耐旱、耐瘠、耐低温、适应性较强，适宜疏松、肥沃、排水性良好的沙土。

分布：除新疆、青海外，各地区均产。

食用方法：用清水把薤白鳞茎洗净，然后在另外的小盘子中放入适量蒜末、辣椒酱，也可以把适量甜面酱和辣椒酱放在一起调匀，入锅蒸半小时；蒸好以后取出，放在盘中，放入适量香油调味。想吃新鲜薤白时，直接蘸酱料食用即可。

饮食宜忌：气虚胃弱者慎用，不宜与韭菜同食，不耐蒜味者少食。

功效主治：干燥鳞茎入药，具有通阳散结、行气导滞的作用，可缓解胸痹心

叶互生，苍绿色，半圆柱状

鳞茎近球状，内皮白色

痛、脘腹疼痛等症。

别名：小根蒜、密花小根蒜、团葱 | 性味：性温，味辛、苦 | 繁殖方式：鳞茎繁殖 | 食用部位：嫩叶、鳞茎

玉竹

多年生草本，株高20~50厘米。茎呈圆柱形。叶片互生，呈椭圆形至卵状矩圆形，叶下部略带灰白色，叶端较尖。开黄绿色至白色花，结蓝黑色浆果。

生活习性：

温度 喜温暖的气候，生长适温为18~25℃。

光照 忌强光直射。

水分 喜湿润，雨水一定要充足。

土壤 对土壤条件要求不严，但在涝洼、盐碱、黏土中不宜生长，适宜生长在湿润、土层深厚、土壤疏松

的地方。

分布：黑龙江、吉林、辽宁、河北、山西、内蒙古、甘肃、青海等地。

食用方法：

①嫩苗洗净，入沸水焯熟后，换凉水浸泡2~3小时，捣碎后和面，做成窝头蒸食。

②嫩苗洗净，入沸水焯熟后，加盐、香油凉拌，即可食用。

饮食宜忌：痰湿气滞者忌食，脾虚便溏者慎服。玉竹的果实有毒，不可食用。

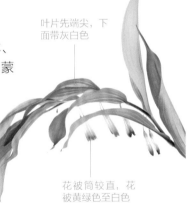

叶片先端尖，下面带灰白色

花被筒较直，花被黄绿色至白色

功效主治：嫩苗、根茎入药，具有养阴润燥、生津止渴的功效，主要用于肺胃阴伤、燥热咳嗽、咽干口渴、内热消渴等症。

别名：荧、委萎、女萎 | 性味：性平，味甘 | 繁殖方式：根茎 | 食用部位：嫩苗

芦笋

一年生草本，株高可达1米，直立生长。根部粗壮。茎表面光滑无毛，枝茎成簇，呈扁状圆柱形，上面有较钝的棱，枝端有鳞芽群。

生活习性：适应能力较强，耐寒，耐高温，适宜土层深厚、疏松肥沃、排水性良好的土壤。

分布：中国东北的辽河三角洲、松嫩平原、三江平原，内蒙古的呼伦贝尔和锡林郭勒草原、新疆的博斯腾湖及伊犁河谷等地。

食用方法：

①采集嫩茎叶洗净，作为火锅素菜食用，十分可口。

②嫩茎叶洗净去根，入沸水锅焯熟后，捞出，用清水漂洗，加油、盐炒熟，即可食用。

饮食宜忌：一般人群皆可食用，痛风患者及脾胃虚寒者不宜多食。

功效主治：嫩苗入药，具有润肺止渴、祛痰杀虫、清热解毒、生津利水的功效，经常食用可以适当缓解热病口渴、淋病及小便不利等症。

枝端有鳞芽群

叶状枝扁圆柱形，略有钝棱

别名：石刁柏、龙须菜、芦尖 | 性味：性寒，味甘 | 繁殖方式：无性繁殖 | 食用部位：嫩茎叶

黄精

多年生草本，株高50~90厘米，或可达1米以上。有时也呈攀缘状。根茎粗壮，肉质肥厚，呈扁圆形，黄白色，匍匐在地面。叶片轮生，呈条状披针形，叶端呈卷曲状。伞状花序，开乳白色至淡黄色小花。

生活习性：生长于海拔800~2800米的林下、灌丛或山坡阴处。适宜生长环境凉爽、潮湿、荫蔽；土壤为透气、疏松、肥沃的沙壤土，耐严寒。

分布：黑龙江、吉林、辽宁、河北、内蒙古、山西、陕西等地。

食用方法：

①将嫩茎叶洗净，放入沸水中焯熟，捞出，加入适量盐调味，即可食用。

②嫩茎叶择洗干净，入沸水焯烫，捞出漂净，加入肉片炒熟，即可食用。

饮食宜忌：不适用于中焦虚寒、腹泻、气滞、胃纳不佳的人群。

功效主治：干燥根茎入药，具有补气养阴、健脾润肺、补肾的功效，常用于改善脾胃虚弱、精血不足、体倦乏力、腰膝酸软等症。

叶端卷曲或弯曲成钩

根茎横生，肥大，肉质，黄白色

别名：鹿竹、重楼、救穷 | 性味：性平，味甘 | 繁殖方式：根茎、播种 | 食用部位：嫩茎叶

风信子

多年草本生球根类植物。鳞茎呈卵形，外皮为膜质。叶片基生，肉质肥厚，呈狭披针形，上面有浅纵沟，为亮绿色。总状花序，可开多种颜色小花，气味芳香，主要密生在茎上部，花冠呈漏斗状，并向外反卷，花被则呈筒状。

生活习性：喜温暖、湿润且光照充足的环境，耐寒，适宜疏松、肥沃、排水性良好的沙土。

分布：中国各地广泛栽培。

食用方法：

①将花朵洗净，放入沸水中焯熟，捞出加入适量盐，即可食用。

②花朵择洗干净，入沸水焯烫，捞出漂净，加入肉片炒熟，即可食用。

饮食宜忌：风信子球茎有毒性，如果误食，会引起头晕、胃痉挛、腹泻等症状。

功效主治：花朵入药，具有镇静情绪、平衡身心、舒缓压力、促进睡眠的功效；制成精油可消除异味、缓解疲劳、舒解压力；常用其花瓣上的露水擦拭身体，可令肌肤光滑细腻。

小花密生上部，多横向生长，少有下垂

叶片狭披针形，具浅纵沟

鳞茎卵形，有膜质外皮

别名：洋水仙、西洋水仙、五色水仙 | 性味：性凉，味苦 | 繁殖方式：分球、播种 | 食用部位：花朵

紫萼

多年生草本，直立生长。根状茎直径约1厘米，须根则被绵毛。叶片基生，呈卵状心形、卵形至卵圆形，叶端呈短尾状或骤尖，叶基呈心形或截形。总状花序，开10~30朵紫红色花，花被在花开时呈漏斗状。

生活习性：喜湿润的气候，耐阴，抗寒性强，忌阳光直射，适宜较为肥沃的土壤。通常生于林下、草坡或路旁。

分布：江苏、安徽、浙江、福建、江西等地。

食用方法：

①花朵可泡茶喝。

②嫩茎叶经焯水后可凉拌，也可炒菜。

饮食宜忌：一般人群皆可食用。

功效主治：嫩茎叶、花入药，具有散瘀止痛、解毒的功效。用于胃痛、跌打损伤、咽喉肿痛；外用可缓解蛇虫咬伤、痈肿疔疮等病症。

盛开时从花被管向上骤然呈近漏斗状扩大

苞片矩圆状披针形，紫红色

叶基部心形或截形，极少叶片基部下延而略呈楔形

别名：紫玉簪、白背三七、玉棠花 | 性味：性凉，味微苦 | 繁殖方式：分株、播种
食用部位：花朵、嫩茎叶

玉簪

多年生草本，丛生。根茎粗壮。叶片卵状心形、卵形或卵圆形，叶端急尖，绿色，叶面光滑而有光泽，叶脉突出。总状花序，花的外苞片卵形或披针形，开白色或紫色花，并散发香味，一般在夜间开放，从高于枝茎的顶端生出。花期8~10月。

生活习性：属于典型的阴性植物，喜阴湿环境；受强光照射则叶片变黄、生长不良；喜肥沃、湿润的沙壤土，性极耐寒，在中国大部分地区均能露地越冬。

分布：四川、湖北、湖南、江苏、安徽、浙江、福建及广东等地。

品种鉴别：

①"甜心"玉簪：株丛紧密，生长迅速，株高30~40厘米，蓬径50~55厘米，叶卵形至宽披针形，有光泽，叶较宽的乳黄色，后变为白郁的甜香。

②"金杯"玉簪：株高30厘米，蓬径35~40厘米，叶长8~10厘米，心形，质厚，具较宽的黄色边缘，中央深绿色，夏季开淡蓝色花。

③"希望"玉簪：株高约55厘米，蓬径可达85厘米，叶长15厘米，心形，质厚，边缘蓝绿色，中央黄色，初夏开乳白色花。

④"钻石"玉簪：株高30~40厘米，叶长卵形，绿色，边缘有较狭的白色镶边，春季发叶较迟。

食用方法：

①花朵晒干后可泡茶喝。

花被漏斗状，白色

花单生或2~3朵簇生

叶片卵形、卵状心形或卵圆形，绿色，有光泽

②花朵入沸水焯熟后，放入锅中，加入肉片炒熟，加盐调味即可食用。

饮食宜忌：一般人群皆可食用，孕妇慎食。注意不可过食、久食。

功效主治：全草入药，具有清热解毒、利水通经的功效，常用来缓解咽喉肿痛、小便不通、疮痈肿痛、肺热咳嗽等症。

别名：玉春棒、白鹤花、玉泡花、白玉簪 | 性味：性寒，味苦、辛 | 繁殖方式：分株 | 食用部位：花朵

仙人掌

丛生肉质灌木，株高1.5~3米。肉质茎呈宽倒卵形或近圆形，基部则渐窄，有时则呈楔形，绿色，小巢长有黄色的刺。开黄色花，花被片呈倒卵形或匙状倒卵形。浆果呈倒卵状球形，顶端向下凹陷，而基部则渐渐变窄，呈柄状，表面平滑无毛，紫红色。

生活习性：

温度 生长适宜温度是20~30℃，生长期要有昼夜温差，最好白天在30~40℃，夜间在15~25℃。

花朵先端圆形、截形或微凹，边缘全缘或浅啮蚀状

光照 喜强光的环境，需要在充足的条件下，植株才能生长良好，开出漂亮的花朵来。

水分 本身的肉质茎富含水分，因此耐旱性较强，此时不需要太多水分。平时保持半湿状态即可，但遇到阴雨天气需要及时排水，休眠期植株生长缓慢，需要停止水分补给。

土壤 耐贫瘠性较强，但最好保证有较强的排水性。因仙人掌怕积水，若是在雨量多的地区，要多用沙土增加排水性，避免积水的情况出现，否则根系容易腐烂。

产地：原产于墨西哥、美国、西印度群岛、百慕大群岛和南美洲北部；中国于明末引种，南方沿海地区常见栽培。

分布：南方沿海地区常见栽培，在广东、广西南部和海南沿海地区则为野生。

食用方法：

①根茎洗净，入沸水焯烫，捞出洗净后加入白糖、盐、香油凉拌，即可

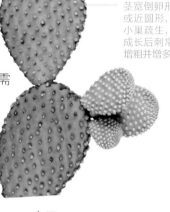

茎宽倒卵形或近圆形，小巢疏生，成长后刺常增粗并增多

食用。

②茎洗净，入沸水烫2分钟，捞出沥干。起锅烧油，加入鸡胸肉片，炒至半熟后加入根茎，翻炒至全熟盛出。

饮食宜忌：脾胃虚弱者少食，脾胃虚寒者忌食。孕妇慎食。

功效主治：根茎入药，具有行气活血、凉血止血、解毒消肿等功效，常用来缓解胃病、十二指肠溃疡、咽喉肿痛、痢疾、咳嗽、蛇虫咬伤等症。

别名：观音掌、霸王树、龙舌、火焰 | 性味：性寒，味苦 | 繁殖方式：扦插 | 食用部位：根茎

兰花

多年生草本，直立生长，分枝较少。叶片簇生于茎部，叶片呈线状披针形。总状花序，开白色或微红色的大花，花瓣为唇瓣，唇瓣3裂；雄蕊、雌蕊构成合蕊柱；花粉则构成花粉块；花序分枝及花序梗密被茸毛。种子微小。

生活习性：

温度 适宜生长温度在15~25℃，当兰花周围的温度低于5℃或高于30℃的时候，它的生长便会进入停滞状态，然后慢慢进入休眠期。

光照 喜在半阴的环境中生长，需要柔和光照射。不适宜接受强光暴晒，所以提供给它们有散射光照的环境是比较合适的。

水分 对水的要求比较高，水最好是雨水或河水，更利于生长。补充水分时不可过量，让土壤湿润即可，不能有积水，也不能长期处于干燥的状态下，否则都会阻碍兰花生长。

土壤 兰花根部要求通气，土壤要求疏松、排水性良好。切不能过于潮湿；过湿则根部呼吸作用受阻，经常引起根部腐烂或感染病害，导致死亡。

分布：中国除华北、东北，以及宁夏、青海、新疆之外均有。

食用方法：兰花可作食品配料，一般用于点缀汤粥，但在食用前需焯水。

饮食宜忌：一般人群皆可食用，尤适宜肺结核、肺脓肿、目翳或神经衰弱的患者食用。

功效主治：花朵入药，具有调气和中、明目止咳的功效，可适度缓解胸闷、腹泻、久咳及青盲内障等症。

花朵寓意：中国人历来把兰花看作高洁典雅的象征，并与"梅、竹、菊"并列，合称"四君子"。通常以"兰章"喻诗文之美，以

"兰交"喻友谊之真，也有借兰花来表达纯洁的爱情，如"气如兰兮长不改，心若兰兮终不移""寻得幽兰报知己，一枝聊赠梦潇湘"。

花葶直立，分枝少

花较大或中等大，萼片与花瓣离生

叶片自茎部簇生，线状披针形，稍具革质

别名：兰草、佩兰、春兰 | 性味：性平，味辛 | 繁殖方式：播种、分株 | 食用部位：花朵

魔芋

多年生草本。扁球状的块茎为暗红褐色，块大，上面长有肉质根及纤维状须根。叶片为羽状复叶，基生，呈长圆状椭圆形，绿色；叶柄为粗壮的圆柱形。开紫红色花，会散发出难闻的恶臭。

生活习性： 多生长于林缘、疏林下及溪谷两旁的湿润地。

分布： 主产于陕西、宁夏、甘肃至长江流域以南各地。

食用方法： 地下块茎可研磨成魔芋粉，制成其他食品。

饮食宜忌： 不宜生服。内服不宜过量，否则易产生中毒症状。

功效主治： 地下块茎入药，具有活血化瘀、解毒消肿、宽肠通便的功效。魔芋中含有丰富的碳水化合物，热量低，蛋白质含量高，微量元素丰富，还含有维生素A、B族维生素等，特别是葡甘聚糖含量丰富。

小叶基部楔形，外侧下延成翅状

叶柄为粗壮的圆柱形

块茎扁球状，暗红褐色

别名：南星头、蛇头草、灰草、山豆腐 | 性味：性寒，味辛、苦 | 繁殖方式：播种 | 食用部位：地下块茎

白茅

多年生草本，株高30~80厘米，直立生长。根状茎较粗壮，有1~3节的茎节。叶片质地较硬，呈狭窄的线形，还略微内卷，长1~3厘米，叶端渐尖，叶基渐窄，叶面还被白粉，叶基则稍被柔毛。

生活习性：适应能力较强，耐旱，耐阴，耐贫瘠，适应各种土壤，黏土、沙土、壤土中均可生长。

分布：中国各地。

食用方法：

①嫩芽洗净，入沸水焯烫，捞出洗净后，加入白糖、盐、香油凉拌，即可食用。

②将嫩芽洗净，入沸水焯烫2分钟，捞出沥干。起锅烧油，加入鸡胸肉片，炒至半熟后加入嫩芽，翻炒至全熟盛出。

饮食宜忌：一般人群皆可食用，尤适宜吐血、尿血、小便不利、热淋涩痛或肾炎的患者。

功效主治：嫩芽入药，具有清热除烦、凉血止血的作用，常用来缓解吐血、尿血、小便不利、热淋涩痛、水肿、湿热黄疸、胃热呕吐、肺热咳嗽等症。

叶片窄线形，被有白粉

茎直立，具1~3节茎节，无毛

粗壮的长根状茎

别名：茅、茅针、茅根 ｜ 性味：性平，味甘 ｜ 繁殖方式：无性繁殖 ｜ 食用部位：嫩芽

野燕麦

一年生草本，高60~120厘米，直立生长。茎上有2~4节茎节，外表光滑无毛。叶片呈扁平状，叶面稍粗糙，叶面或叶缘有稀疏的柔毛。圆锥花序，呈金字塔形。纺锤形的颖果外被淡棕色柔毛，腹面还有长6~8毫米的纵沟。

分布：中国各地。

品种鉴别：

①光稃野燕麦：外稃光滑无毛。其他性状、花果期、用途均似原变种。

②光轴野燕麦：外稃光滑无毛；小穗轴节间光滑无毛或微被贴生柔毛。

食用方法：颖果去皮后可以磨成面粉，制成饼等食品。

饮食宜忌：一般人群皆可食用，尤其适宜慢性病、脂肪肝、糖尿病、浮肿、习惯性便秘者。

功效主治：种仁入药，具有止血凉血、生津止渴的作用，可加速胃肠蠕动，促使体内毒素的排出。

颖果被淡棕色柔毛，腹面具纵沟

叶鞘松弛，叶舌透明、膜质

茎直立，光滑无毛

别名：乌麦、铃铛麦 ｜ 性味：性温，味甘 ｜ 繁殖方式：播种 ｜ 食用部位：颖果

薏苡

一年生粗壮草本，株高1~2米，直立生长，丛生。海绵质的须根为黄白色。颖果呈椭圆形，成熟后，质地坚硬。种子呈卵形，为红色或淡黄色。

生活习性：喜温暖、湿润的气候，怕干旱、耐肥。

分布：中国大部分地区。

食用方法：

①薏苡仁粉100克装瓶内，加入米酒400毫升浸泡，1周后即可饮用，每次饮用20毫升；若用橘汁、柠檬汁、苹果汁等水果汁调和饮用，效果更好。

②薏苡仁洗净后，加入大米，熬煮成粥。

饮食宜忌：便秘及身体虚冷者不宜食用，孕妇及经期女性不宜食用。

颖果成熟时，外面的总苞坚硬，呈椭圆形

种仁卵形，可入药

种皮红色或淡黄色

功效主治：种仁入药，具有利湿健脾、舒筋除痹的功效，主要用于水肿、脚气、小便淋沥、湿温病、泄泻带下及风湿痹痛等病症。

别名：薏米、药王米、薏仁 | 性味：性凉，味甘、淡 | 繁殖方式：播种 | 食用部位：种仁

芦苇

多年生草本，株高1~3米，直立生长，分枝较多。发达的根状茎有20多节茎节，茎节周围还被蜡粉。叶片呈披针状线形，叶端渐尖，呈丝形。圆锥花序，下面还有浓密的穗状物。

生活习性：适应能力较强，能适应各种土壤，既耐盐碱，又耐酸。

分布：中国各地。

食用方法：

①嫩芽洗净后，入沸水锅焯熟，捞出用清水漂洗，加油、盐炒熟，即可食用。

②将采摘来的嫩芽洗净，入沸水焯熟，加盐搅拌或直接蘸酱食用。

饮食宜忌：一般人群皆可食用，尤适宜热病烦渴、胃热呕吐、黄疸、肺痿或肺痈患者。

叶片呈披针状线形，顶端渐尖

茎直立，具20多节茎节，基部和上部的节间较短

功效主治：嫩芽入药，具有清胃火、除肺热、健胃止呕、生津除烦、利尿解毒的作用，常用于缓解热病烦渴、胃热呕吐、肺痈、关节炎及解河豚毒等。

别名：苇子、芦、芦柴 | 性味：性寒，味甘 | 繁殖方式：根茎 | 食用部位：嫩芽

竹笋

多年生草本类植物，竹笋的种类很多。它是竹子刚从土里长出来的嫩芽，长10~30厘米，可食用。竹子从簇状的根状茎中长出，而木质化的地上茎内部中空。叶片呈披针形，多数叶片无叶柄，只有分枝上的营养叶有短叶柄。

叶片呈披针形

竹的地上茎木质而中空，具多节

生活习性：

温度 性喜温暖，不耐寒冻，生长适温为15~20℃。

光照 喜温暖且阳光充足的环境。

水分 保证土壤湿润，且有足够的含水量，以免缺水而影响竹笋的品质。

土壤 喜土层深厚、疏松肥沃、排水性良好的土壤。

分布：福建、台湾、广东、香港、广西、海南、四川、贵州、云南等地。

食用方法：

①嫩笋洗净，放入沸水中焯熟，捞出沥干，加入盐、香油、醋、酱油凉拌。

②嫩笋洗净备用，加入汤中增味。

饮食宜忌：竹笋性微寒、味甘，体虚胃寒及肢体怕冷、面色无华、舌淡苔白

等体质阴虚的人群，也应尽量少吃；更要避免同时进食螃蟹、鱼虾、西瓜、苦瓜、黄瓜、白萝卜等凉性食物。

功效主治：嫩笋入药，具有滋阴凉血、和中润肠、清热化痰、利尿通便的功效，常用来缓解食欲不振、脘痞胸闷、大便秘结、肺热咳嗽等症。

竹笋为竹子初从土里长出的嫩芽

竹笋纵切面有横隔

别名：竹萌、竹芽、春笋、冬笋 | **性味：**性微寒，味甘 | **繁殖方式：**无性繁殖 | **食用部位：**嫩笋

远志科

远志

　　多年生草本，株高15~50厘米，丛生。根粗壮肥厚，呈圆柱形，浅黄色，长达10余厘米，还长有少量侧根，分枝多集中在茎上部。叶片互生，呈线形或线状披针形，叶端渐尖，叶基渐窄，一般无叶柄。总状花序，开淡蓝紫色花；花梗细弱，苞片小而易脱落；花期5~7月。棕黑色的种子呈微扁的卵形，表面还有白色的细茸毛，果期7~9月。

　　生活习性：适宜生长在海拔200~2300米的草原、山坡草地、灌丛中及杂木林下。

　　分布：中国东北、华北、西北和华中地区。

　　食用方法：

　　①嫩茎叶焯烫后可凉拌，根煮熟去心，可炒食。

　　②嫩茎叶洗净后，加入大米，熬煮成粥。

　　饮食宜忌：惊悸多梦、失眠及更年期综合征患者宜食。

　　功效主治：远志的根皮入药，有益智安神、散郁化痰的功效。可缓解神经衰弱、心悸、健忘、失眠等症。

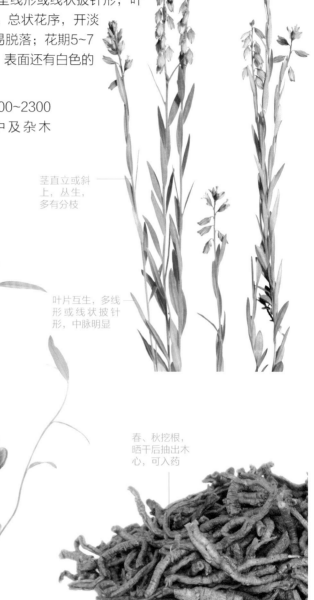

花淡蓝紫色，萼片5枚，花瓣3枚，顶端有流苏状附属物

茎直立或斜上，丛生，多有分枝

叶片互生，多线形或线状披针形，中脉明显

春、秋挖根，晒干后抽出木心，可入药

別名：葽绕、蕀蒬、棘菀、小草、细草、线儿茶，小草根、神砂草 | 性味：性温，味苦、辛
繁殖方式：播种 | 食用部位：嫩茎叶、根

莲

多年水生草本。根状茎又短又粗。叶片纸质，呈心状卵形或卵状椭圆形，叶基呈深弯曲状，叶面有光泽，下面有时还略带红色或紫色。开粉白色花，花瓣呈宽披针形、长圆形或倒卵形，花直径为3~5厘米，花梗呈细长状。坚果椭圆形或卵形。种子呈椭圆形或卵形，红色或白色。

叶表面深绿色，被蜡质白粉覆盖，背面灰绿色

生活习性：

温度　性喜温暖，以22~35℃为宜。

光照　喜温暖，生长期需要全光照的环境。

水分　喜相对稳定的平静浅水，在湖沼、泽地、池塘等地均能生长良好。

土壤　对土壤要求不高，以肥沃、疏松的微酸性壤土为宜。

分布：中国广泛分布。

食用方法：

①根茎加腊肉丝入锅翻炒，加入洗净的蒌蒿，炒至颜色变深，加入盐、白糖调味即可。

②选取鲜嫩的莲子，沸水烫熟后，加入人米熬煮成粥。

饮食宜忌：
一般人群皆可食用，尤适宜脾虚久泻、糖尿病、脂肪肝或小儿遗尿的患者。

功效主治：根茎、莲子入药，具有清热生津、凉血益血、健脾生肌、补脾止泻、益肾涩精、养心安神的功效，常用来缓解脾虚久泻、遗精带下、心悸失眠等症。

花单生于花梗顶端，有单瓣、复瓣、重瓣等花型

根状茎短粗，可入药

坚果椭圆形或卵形

别名：子午莲、水芹花｜性味：性平，味苦、甘｜繁殖方式：分株、播种｜食用部位：根茎、莲子

芡

一年生大型水生草本。叶片可分为沉水叶和浮水叶，沉水叶呈箭形或椭圆肾形，浮水叶则呈椭圆形至圆形。轮伞花序，开紫红色花，花瓣呈矩圆状披针形或披针形。结球形浆果，为深紫红色，直径3~5厘米。球形种子具黑色厚种皮，直径10余毫米。

种子球形，外披有一层较厚的假种皮

生活习性：

温度　性喜温暖，生长适温为20~30℃，不耐霜冻。

光照　喜阳光充足的环境生长。

水分　喜湿润环境，生长期不耐干旱。

土壤　要求肥沃，含有机质多即可。

分布：中国南北各地。

品种鉴别：

①南芡：也称苏芡，为芡的栽培变种，植株个体较大，地上器官除叶背有刺外，其余部分均光滑无刺，采收较方便；外种皮厚，表面光滑，呈棕黄或棕褐色，种子较大，种仁圆整、糯性，品质优良，但适应性和抗逆性较差。

②北芡：也称刺芡，有野生也有栽培，地上器官密生刚刺，质地略次于南芡，采收较困难；外种皮薄，表面粗糙，呈灰绿或黑褐色，种子较小，种仁近圆形、粳性，品质中等，但适应性较强。

食用方法：

①种仁洗净后可直接生食。

②种仁可与其他原料配伍，熬成各种风味的粥。

饮食宜忌：平素大便干结或腹胀者忌食。

功效主治：种仁入药，具有益肾固精、补脾止泻、除湿止带的功效，可适当缓解遗精滑精、遗尿尿频、脾虚久泻、白浊、带下异常等症。

浮水叶下面带紫色，有短柔毛

别名：鸡头米、鸡头、鸡头莲、鸡头苞 | 性味：性平，味甘、涩 | 繁殖方式：播种、分株 | 食用部位：种仁

荸荠

果皮革质，肉质清甜

坚果顶端具领状环，棕色

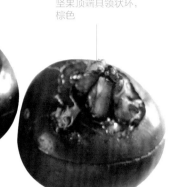

多年生沼泽草本。细长的根状茎呈匍匐状，根茎末端膨大，呈扁圆形球状，黑褐色；地上茎丛生而不分枝，呈圆柱形，绿色，内部中空，外表光滑。叶片已呈退化状，非常容易脱落。果实为小型坚果，外皮为革质。

生活习性：

温度　喜温暖的环境，不耐霜冻，生长适温为25~30℃。

光照　怕冻喜光，生长期需要长时间日照，光照充足时生长更佳。

水分　喜生于池沼中或栽培在水田里。

土壤　以土层浅薄、pH值为6~7的沙壤土或腐殖质壤土为宜。

分布：广西、江苏、安徽、浙江、广东、湖南、湖北等低洼地区。

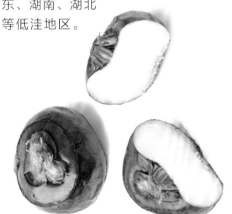

河北部分地区也有分布。

食用方法：

①可用来烹调，炒、烧或做成馅料。

②可作为水果，可制作罐头、凉果蜜饯食用。

饮食宜忌：一般人群均可食用，不适宜小儿消化力弱者。此外，脾胃虚寒、大便溏泄或有血瘀者不宜食用。

功效主治：果实入药，具有清热止渴、利湿化痰的功效，可缓解伤津烦渴、咽喉肿痛、口腔炎、湿热黄疸及小便不利等症。

別名：马蹄、田藕、田荠 ｜ 性味：性寒，味甘 ｜ 繁殖方式：无性繁殖 ｜ 食用部位：果实

第三章

走进藤本类野菜

藤本类野菜指那些茎秆细长，自身不能直立生长，必须依附他物而向上攀缘的可食用植物。按茎的质地，可分为草质藤本和木质藤本；按照攀附方式，则有缠绕藤本、吸附藤本、卷须藤本及蔓生藤本。紫藤、忍冬、山葡萄、萝藦等，都属于藤本类野菜。

豆科

紫藤

　　落叶藤本。茎枝较粗壮，幼嫩时被白色柔毛。奇数羽状复叶，有小叶3~6对，叶片呈卵状椭圆形至卵状披针形。总状花序，开紫色花，花呈下垂状，花萼呈杯状，上面被有细绢毛。圆形种子褐色，有光泽。

　　生活习性：适应能力极强，耐寒，耐阴，耐涝，耐贫瘠。要求排水性良好、土质肥沃，则生长旺盛。

　　分布：中国河北以南、黄河长江流域及陕西、河南、广西、贵州、云南、北京等地。

　　品种鉴别：白花紫藤，白色花与原变种不同。分布于中国湖北，南北各地常见栽培。

　　食用方法：

　　①采摘花朵后洗净，入沸水焯烫，拌面蒸熟，蘸蒜汁食用即可。

　　②采摘花朵后洗净，入沸水焯烫后捞出，放入蒜、葱和肉片，炒食即可。

　　饮食宜忌：豆荚、种子、茎皮有毒，小心食用。紫藤苷有毒，能引起呕吐、腹泻乃至虚脱。

　　功效主治：茎皮入药，具有止痛、祛风、通络、杀虫等功效。可适当缓解浮肿、关节疼痛及肠道寄生虫等病症。

茎皮较粗粗，颀长被白色柔毛

叶片先端渐尖至急尖，基部钝圆或楔形

花柄细，长2~3厘米

花呈紫色，花瓣圆形，先端略凹陷，花开后反折

荚长2~2.5厘米，劳舌

总状花序，被白色细绢毛

别名：朱藤、招藤 | 性味：性微温，味甘、苦 | 繁殖方式：播种、扦插、压条、分株 | 食用部位：花朵

忍冬

半常绿藤本。叶片绿色，呈卵形至矩圆状卵形。花从枝茎上部叶腋抽出，颜色由白色变黄色，花瓣呈唇形，花柱要高于花冠。圆圆的果实闪着光泽，成熟后就会变成蓝黑色。

生活习性：

温度 适应性很强，性喜温暖，生长适温为20~25℃，耐寒性强。

光照 喜阳耐阴，光照充足时生长更佳。

水分 保持土壤湿润即可。

土壤 对土壤要求不高，但以湿润、肥沃的深厚沙壤土为宜。

分布：除黑龙江、内蒙古、宁夏、青海、新疆、海南和西藏无自然生长外，中国各省区均有。

食用方法：忍冬花蕾可晒干，单独泡水喝，也可与菊花、薄荷、芦根等同饮。

饮食宜忌：忍冬性寒，脾胃虚寒或孕妇及经期女性忌服。

花梗单生于小枝上部，花冠白色，后变为黄色

下部叶常平滑无毛，下面略带青灰色

功效主治：花蕾入药，具有清热解毒、抗炎、补虚疗风的功效，常用于缓解温病发热、热毒痈疡及多种感染性疾病等。

果圆形，有光泽

别名：金银花、金花、银花、二花 | 性味：性寒，味甘、微苦 | 繁殖方式：播种 | 食用部位：花朵

山葡萄

　　木质藤本。枝茎呈圆柱形，幼嫩时，还被有稀疏的蛛丝状细毛，后逐渐脱落；分枝每隔2节与叶片对生。叶片互生，呈阔卵形，叶端渐尖，叶基呈心形。浆果从深绿色变为蓝黑色，呈近球形或肾形。

　　生活习性：山葡萄对土壤条件的要求不高，在多种土壤中都能生长良好。但是，以排水性良好、土层深厚的土壤最佳。山葡萄的特点是耐旱、怕涝。

　　分布：黑龙江、吉林、辽宁、河北、山西、山东等省。

　　食用方法：果实成熟后可采摘直接食用，也可制成葡萄干或酿制葡萄酒。

　　饮食宜忌：一般人群皆可食用，尤适宜气血虚弱、肺虚咳嗽、心悸盗汗、烦渴、风湿痹痛或痘疹不透的患者。

　　功效主治：全株入药，具有清热利湿、消肿解毒的功效，常用来缓解湿热黄疸、肠炎、痢疾、无名肿毒、跌打损伤等症。

夹竹桃科

萝藦

多年生草质藤本，长可达8米。淡绿色的茎呈圆柱状，肉质肥厚，汁液丰富。叶片呈卵状心形，叶端渐尖，叶基呈心形，叶面为绿色，叶背为粉绿色。腋生总状聚伞花序，开白色花，有时有淡紫红色斑纹。纺锤形的蓇葖果表面平滑无毛。

总状聚伞花序腋生，花萼裂片披针形

叶面绿色，叶背粉绿色，两面无毛

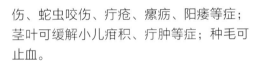

幼茎密被短柔毛

生活习性：喜微潮偏干的土壤环境，稍耐干旱；喜充足的日光直射，稍耐阴；喜温暖，耐低温环境。生于林边荒地、河边、路旁灌木丛中。

分布：中国东北、华北、华东地区。

食用方法：

①嫩茎叶洗净，放入沸水中焯熟，捞出沥干，加入盐、香油、醋、酱油凉拌。

②嫩茎叶洗净备用，加入汤中，起到增味的作用。

饮食宜忌：有小毒，不宜大量食用。

功效主治：全草入药，具有补精益气、通乳、解毒的功效，可有效缓解跌损劳伤、阳痿、遗精白带、乳汁不足、丹毒等病症。

药用价值：全株可入药用，果实可缓解劳伤虚弱、腰腿疼痛、缺乳、白带异常、咳嗽等症；根可缓解跌打损伤、蛇虫咬伤、疔疮、瘰疬、阳痿等症；茎叶可缓解小儿疳积、疔肿等症；种毛可止血。

经济、观赏价值：茎皮纤维坚韧，可造人造棉。该植物多作地栽，布置庭院，是矮墙、花廊、篱栅的良好垂直绿化植株。

蓇葖果纺锤形，平滑无毛

别名：芄兰、斫合子、白环藤 | 性味：性平，味甘、辛 | 繁殖方式：播种 | 食用部位：嫩茎叶

何首乌

多年生缠绕藤本，长可达4米，分枝较多。肥厚的块根呈长椭圆形，黑褐色。单叶互生，呈卵形或长卵形，叶端较尖，叶基呈心形或近心形，叶柄较长。顶生或腋生圆锥状花序，开白色或淡绿色花。花萼和花冠是白色或淡绿色的，呈椭圆形，大小不等。果实呈卵形，有3条棱，黑褐色，有光泽。花期一般在8~9月，果期在9~10月。

生活习性： 适应性强，喜欢温暖和湿润的环境气候。耐阴，忌干旱，在土层深厚、疏松肥沃、富含腐殖质、湿润的沙壤土中生长良好。

分布： 产自中国华东、华中、华南地区。日本也有分布。

食用方法：

①嫩茎叶洗净，入沸水焯烫后捞出，起锅倒油，油热后放入辣椒末、蒜末爆香，关火后加少许盐、香油，加入焯熟的何首乌嫩茎叶翻炒均匀即可食用。

②块根洗净，切片，加水煎汁，以汁煮粥和剥皮鸡蛋皆可。

饮食宜忌： 适宜须发早白、腰膝酸痛、头晕目眩、遗精、便秘等患者食用，而大便清泄、有湿痰者则忌用。

功效主治： 何首乌有生、熟之分。生何首乌为红棕色，主要功效是解毒、截疟、润肠通便，有一定的毒性。制何首乌是将生何首乌用黑豆久蒸、久煮、晒干后制成的，无毒，可益精补血、补肾抗衰。

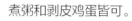

别名：夜交藤、紫乌藤、多花蓼、桃柳藤 | 性味：性微温，味苦、甘、涩 | 繁殖方式：播种、扦插、分株
食用部位：块根、嫩茎叶

扶芳藤

常绿藤本灌木，株高为1米以上。叶片呈椭圆形、长椭圆形或长倒卵形，叶端圆钝或急尖，叶基楔形，叶缘有不明显的锯齿。聚伞花序，开4~7朵白绿色花。粉红色蒴果近球形，果皮光滑无毛。

生活习性：

温度 生长适温为15~30℃。

光照 喜阳光，亦耐阴。

水分 在雨量充沛、云雾多、土壤和空气湿度大的条件下，植株生长健壮。

土壤 对土壤适应性强，在酸性、碱性及中性土壤中均能正常生长，在疏松、肥沃的沙壤土中生长得好。

分布： 江苏、浙江、安徽、江西、湖北等地。

食用方法：

①嫩茎叶洗净，放入沸水中焯熟，捞出沥干，加入盐、香油、醋、酱油凉拌。

②炖鸡汤时，出锅前10分钟加入焯熟的扶芳藤嫩茎叶，盛出后随汤食用。

饮食宜忌： 女性月经不调者宜食，特别适合经血量偏少者食用。孕妇忌服。

功效主治： 嫩茎叶入药，具有活血通经、止痛的作用，可缓解跌打损伤、腰肌劳损、风湿痹痛、关节酸痛、吐血、咯血等症。

别名：卫生草、千斤藤、山百足 | 性味：性微温，味辛、苦 | 繁殖方式：扦插 | 食用部位：嫩茎叶

木通科

五叶木通

常绿木质缠绕藤本。幼枝呈灰绿色，且上有纵纹。叶薄革质，倒卵状披针形、倒卵状长圆形或倒卵形。腋生总状花序，在夏季，开紫色花。果实为浆果，呈长椭圆形，有时也呈肾形，成熟后为黄色。黑色或黑褐色种子呈稍扁的长卵形。

生活习性：性喜温暖、湿润的环境，不耐严寒，喜湿润的黄壤或沙壤土。主要生于山坡、山沟、溪旁等处的乔木与灌木林中。

分布：江苏、安徽、江西、广西、广东等地。

食用方法：

①嫩茎叶洗净，入沸水焯烫，捞出洗净后，加入白糖、盐、香油凉拌，即可食用。

②嫩茎叶洗净，入沸水烫2分钟，捞出沥干。起锅烧油，加入鸡胸肉片，炒至半熟后加入嫩茎叶，翻炒至全熟盛出。

饮食宜忌：五叶木通性寒，味苦，孕妇忌食。

功效主治：藤茎入药，具有清热利湿、排脓、通乳、通经活络的作用，可缓解小便不利、泌尿系统感染、月经不调、白带异常、乳汁不下等症。

别名：木通、羊开口、野木瓜 | 性味：性寒，味苦 | 繁殖方式：播种、压条 | 食用部位：嫩茎叶、果实

猕猴桃科

狗枣猕猴桃

大型落叶藤本。叶片呈阔卵形、长卵形至长倒卵形，叶端急尖或渐尖，叶基呈心形，叶片沿中脉并不对称。果实呈柱状长圆形、扁状长圆形及卵形或球形，外表面有纵条纹，颜色较深，果实顶端还存有花柱和花萼。

生活习性：喜光，耐半阴，耐寒，抗旱，适应性强。

分布：中国东北、华北、华中、华南地区。

繁殖方法：

采种贮藏：8月末至9月初，果实由绿色变为黄色时采收。采收的果实堆积软化后捣碎搓洗，去除果皮及果肉，阴干后去杂，即得纯净种子，装入细纱布袋，挂在冷藏室内贮藏。种子发芽率60%~70%。

低温催芽：种子低温层积催芽，狗枣猕猴桃种子有休眠特性，播种前2个月进行低温湿沙层积催芽处理。清水浸种12小时，用0.3%的高锰酸钾溶液消毒后，拌入种子体积5倍的细河沙，在3~5℃的环境下催芽处理40~60天，保持湿度60%，经常翻动，种子有1/3裂口时即可播种。

近种区别：该种叶片两侧对称，基部收窄，并呈浅心形，侧脉中的最下两对基端相靠很近，几近基出；叶面散生若干软弱的小刺毛。

食用方法：果实可食，鲜用或晒干备用，也可酿酒或入药。

饮食宜忌：一般人群均可食用。

功效主治：果实入药，有滋补强壮的功效，还能有效预防维生素C缺乏症。

叶片呈阔卵形、长卵形至长倒卵形

别名：深山天木蓼、狗枣子 | **性味：**性平，味酸、甘 | **繁殖方式：**扦插 | **食用部位：**果实

鸡蛋果

草质藤本，在地面匍匐生长，长约6米。叶为掌状3回深裂，裂片呈卵形或卵状长圆形，叶缘有细锯齿。聚伞花序，开淡绿色大花，散发香味。浆果呈卵球形，外表皮光滑无毛，成熟后的果实为紫色。种子多数呈卵形。

生活习性：

温度 最适宜的生长温度为20~30℃，气温低于15℃则会抑制其生长。

光照 喜欢充足阳光，以促进枝蔓生长和营养积累。

水分 一般年降雨量在1500~2000毫米且分布均匀的条件下，鸡蛋果生长最好。鸡蛋果较耐旱，但如遇干旱，仍需灌溉。

土壤 适应性强，对土壤要求不高。但大面积生产的土壤土层至少有0.5米，且土壤肥沃、疏松、排水性良好，土壤pH值为5.5~6.5为宜。

分布： 云南、福建、广东、广西、海南、江西、四川、重庆等地。

叶状筋、互生、基部楔形或心形

食用方法： 将果实剖开，用调羹挖出瓤包直接食用，也可以制作果汁饮用。

饮食宜忌： 一般人群皆可食用，尤适宜咳嗽痰多、心神不宁、痛经或月经不调的患者，但孕妇慎食。

功效主治： 果实入药，具有祛风清热、止咳化痰、安神宁心、和血止痛的功效，常用于缓解神经痛、月经疼痛、风热头晕、鼻塞流涕、心血不足、大便秘结等症。

聚伞花序退化仅存1至花，淡绿色

浆果呈卵球形，表皮光滑无毛，熟时紫色

别名：百香果、洋石榴、巴西果 | 性味：性平，味甘、酸 | 繁殖方式：扦插 | 食用部位：果实

第 四 章

走进木本类野菜

　　木本类野菜指植物的茎内木质部发达、质地坚硬的可食用植物，一般直立、寿命长，能多年生长，与草本植物相对。人们常将前者称为树，后者称为草。因木本植物植株高度及分枝部位等不同分为三类，即乔木、灌木、半灌木，如栀子、茉莉花、桂花、迎春花等。

栀子

叶片向前部无毛，上面亮绿色，下面颜色较暗

花芳香，通常单朵生于枝顶

灌木，株高30~300厘米。枝茎呈圆柱形，灰色，幼嫩时常被短毛，长大后则逐渐消失。叶片对生或3枚轮生，呈长圆状披针形、倒卵状长圆形或椭圆形，叶上部为亮绿色，下部则颜色较暗。枝顶开有白色或乳黄色花，气味芬芳，花形为高脚碟状。果为卵形、近球形、椭圆形或长圆形，呈黄色或橙红色。

生活习性：

温度 喜温暖环境，以18~22℃为宜。

光照 对光照要求不高，光照充足时生长更佳。

水分 喜在温暖、潮湿的环境中生长。

土壤 适宜生长在疏松、肥沃、排水性良好的酸性土壤中。

分布： 主产于山东、河南、江苏、安徽、浙江、江西、福建等地。

食用方法：

①果实可食，鲜用或晒干备用，也可酿酒或入药。

②花朵反复洗净，裹蛋糊油炸，极具风味。

饮食宜忌： 栀子苦寒伤胃，脾虚便溏者不宜食用。

嫩枝茎常被短毛，圆柱形

功效主治： 干燥成熟果实入药，具有镇静降压、解毒消肿、泻火除烦、清热利湿、凉血止血的功效，常用于缓解热病心烦、肝火目赤、头痛、湿热黄疸、尿血、口舌生疮等症。

古代染料： 栀子是秦汉以前应用最广的黄色染料，栀子的果实中含有黄酮类栀子素，还有藏红花素等。《汉官仪》记载："染园出栀、茜，供染御服。"说明当时染最高级的服装多用栀子。古代用酸性来控制栀子染黄的深浅，欲得深黄色，则增加醋的用量。用栀子浸液，可以直接使染织物带上鲜艳的黄色，工艺简单，汉马王堆出土的染织品的黄色就是以栀子染色获得的。但栀子染黄耐日晒能力较差，因此自宋以后，染黄又被槐花部分取代。

别名：黄栀子、山栀、白蟾 | 性味：性寒，味苦 | 繁殖方式：扦插、压条、播种、分株 | 食用部位：果实、花朵

茉莉花

直立或攀缘灌木，株高可达3米。枝茎呈圆柱形或稍扁的圆柱形，内部有时中空，外部则被有稀疏的柔毛。单叶对生，叶片呈圆形、椭圆形、卵状椭圆形或倒卵形。顶生聚伞花序，开白色花，花香浓郁，花瓣呈长圆形至近圆形，先端圆或钝。

生活习性：

温度　耐寒、耐阴湿，以15~25℃为宜。

光照　在直射光的照射下，最适宜茉莉花的生长发育。

水分　喜温暖、湿润的环境。

土壤　富含有机质，以具有良好透水性和通气性的微酸性沙土为宜。

分布：中国江南地区。

品种鉴别：

①单瓣茉莉：植株较矮小，高70~90厘米，茎枝较细，呈藤蔓形，故有"藤本茉莉"之称。叶片为椭圆形，叶质较薄，叶端稍尖，全缘，长5~9厘米，宽3.5~5.5厘米。

②双瓣茉莉：中国大面积栽培的主要品种。植株高1~1.5米。叶对生，阔卵形。聚伞花序，顶生或腋生，每个花序着生花蕾3~17朵，多的可达30朵以上。

③多瓣茉莉：枝条有较明显的疣状突起。叶片浓绿，花蕾紧结，较圆而短小，顶部略呈凹口。花瓣小而厚，且特别多，一般16~21枚，基部呈覆瓦状联合排列成3~4层，开放时层次分明。

食用方法：花瓣在洗净后，可煲汤或泡茶，还可以搭配菜肴食用。

饮食宜忌：尤适合下痢腹痛、目赤肿痛、疮疡肿毒的患者食用，火热内盛、燥结便秘者慎食。

功效主治：花朵入药，具有行气止痛、解郁散结的功效，常用于缓解胸腹胀痛、痢疾等症，是止痛的食疗佳品。另外，茉莉花对多种细菌还有一定的抑制作用。

别名：抽花、木梨花、奈花 | 性味：性温，味辛、微甘 | 繁殖方式：扦插、压条、分株 | 食用部位：花朵

桂花

常绿乔木或灌木，株高一般为3~5米，但有的也可达18米。小细枝为黄褐色，其上光滑无毛。叶片呈长椭圆形或椭圆状披针形，叶脉会从上面凹入。腋生聚伞花序，开花密集，花形近于帚状；花色多样，有黄白色、淡黄色、黄色或橘红色。

生活习性：

温度 喜温暖环境，以14~28℃为宜。

光照 喜阳光充足的环境。

水分 保持土壤湿润，忌积水。

土壤 对土壤要求不高，肥沃、疏松、略带酸性和排灌性良好的土壤即可。

分布： 四川、陕南、云南、广西、广东、湖南、湖北、江西等地。

品种鉴别：

①四季桂品种群：树形低矮，分枝短密，树冠圆球形。新叶深红色，老熟叶绿色或黄绿色；叶片呈椭圆状阔卵圆形。花色较淡，为乳黄色至柠檬黄色。四季开花，有"月月桂""日香桂""大叶佛顶珠""齿叶四季桂"等品种。

②丹桂品种群：树皮浅灰色，较平滑，皮孔稀疏。叶革质，长椭圆形或椭圆形。花色橙红，花冠稍内扣。有"大花丹""齿丹桂""朱砂丹桂""宽叶红"等品种。

③金桂品种群：树冠圆球形；树势强健，枝条挺拔，十分紧密。叶片椭圆形，叶面不平整。花色黄，有浓香，不结实。秋季开花，品种有"大花金桂""大叶黄""潢川金桂""晚金桂""圆叶金桂"等。

④银桂品种群：树冠圆球形，大枝开展，枝叶稠密。树皮浅灰色。叶片绿色或深绿色。花色乳黄至柠檬黄，香气浓郁。秋季开花，品种有"宽叶籽银桂""柳叶银桂""硬叶银桂""籽银桂""九龙桂"等。

食用方法： 鲜花可裹面炸食或做成肉类的配菜，也可糖渍，制成蜜饯食用。

饮食宜忌： 女性月经过多或脾胃湿热的人不宜食用。

功效主治： 全草入药，具有化痰止咳、生津暖胃、散寒止痛的功效，常用于痰饮咳喘、胃肠不适、肠风血痢及经闭痛经等症。

别名：仙树、月桂 ｜ 性味：性温，味辛 ｜ 繁殖方式：播种 ｜ 食用部位：花朵

迎春花

落叶灌木，株高30~100厘米，直立或匍匐生长皆可。枝条呈下垂状。叶片为3出复叶，小叶片对生，呈卵形、长卵形、椭圆形、狭椭圆形及倒卵形。花单生于叶腋和小枝顶端，开黄色花，花裂片为5~6枚，呈长圆形或椭圆形，裂片边缘尖锐。

生活习性：

温度 性喜温暖，生长适温为10~20℃。

光照 对光照要求不高，光照充足时生长更佳。

水分 喜湿润环境。

土壤 喜疏松、肥沃、通透性良好的沙土。

分布：甘肃、陕西、四川、云南等地。

品种鉴别：

①红素馨：又叫红花茉莉，攀缘灌木。幼枝四棱形，有条纹。单叶互生，卵状披针形，先端渐尖。聚伞花序，3花顶生，花冠红色至玫瑰红色，有香气。花和叶同放。

②素馨花：又叫大花茉莉，直立灌木。枝条下垂，有角棱。叶片对生，羽状复叶，小叶5~7枚，椭圆形或卵形，先端渐尖。花单生或数朵呈聚伞花序顶生，白色，有芳香。

③探春花：又叫迎夏，半常绿灌木。枝条开张，拱形下垂。奇数羽状复叶互生，小叶3~5枚，卵形或椭圆形。花黄色，呈顶生多花的聚伞花序。浆果椭圆状卵形，呈绿褐色。

④云南黄素馨：又叫云南迎春，常绿藤状灌木。小枝无毛，四棱形，具浅棱。叶片对生，小叶3枚，长椭圆状披针形，顶端有1枚较大，基部渐狭，呈一短柄，侧生的2枚小而无柄。花单生，淡黄色，具暗色斑点，花瓣较花筒长，常近于复瓣，有香气。

食用方法：

①花朵、嫩叶洗净，入沸水焯熟后，换凉水浸泡2~3小时，捣碎后和面，做成窝头蒸食即可。

②花朵、嫩叶洗净，入沸水焯熟后，加盐、香油凉拌，即可食用。

饮食宜忌：风寒感冒

花茎有时稀生于小枝顶端

枝条先端无毛，小枝四棱形

叶片对生，3出复叶，小枝基部常具单叶

者慎服。

功效主治：嫩叶、花朵入药，具有解毒消肿、发汗解表、清热利尿的功效。

别名：金腰带、迎春 | 性味：性平，味苦、微辛 | 繁殖方式：扦插、压条、分株 | 食用部位：花朵、嫩叶

连翘

落叶灌木。茎节间中空，并生有稀疏的皮孔，呈棕色、棕褐色或淡黄褐色。单叶对生，叶片呈卵形至圆形，绿色，光滑无毛。黄色花开于叶腋，单生或簇生，花萼为绿色，裂片呈长圆形或倒卵状长圆形。

生活习性：

湿度 喜温暖环境，以12~25℃为宜。

光照 喜阳光充足的环境。

水分 保持土壤湿润，忌积水。

土壤 不择土壤，在中性、微酸性或碱性土壤中均能正常生长。

分布：辽宁、河北、河南、山东、江苏、湖北、江西、云南、山西、陕西、甘肃等地。生长在山坡灌丛、林下或草丛中。

品种鉴别：毛连翘，该变种的幼枝、叶柄及叶片上面均被短柔毛，而叶片下面被柔毛或短柔毛，尤以叶

叶片呈卵形或至圆形，光滑无毛

脉为密。

食用方法：

①嫩茎叶洗净，烫熟后，用清水浸泡1天，去掉苦味，加入盐、醋凉拌，盛出即可。

②采摘嫩茎叶，用沸水焯熟，用油抓拌均匀，然后撒上面粉继续抓匀。热水上锅，蒸5分钟即可食用。

饮食宜忌：脾胃虚弱、风寒感冒、痈疽已溃或脓稀色淡者忌食，对连翘过敏者也应禁用。

功效主治：全草入药，具有清热、解毒、散结、消肿的作用，可缓解热病初起、风热感冒、咽喉肿痛等症。

别名：连壳、黄花条、黄链条花、黄奇丹 ┃ 性味：性微寒，味苦 ┃ 繁殖方式：扦插、播种、分株
食用部位：嫩茎叶

朱槿

常绿灌木，株高1~3米。茎枝呈圆柱形，上面被有稀疏的星状柔毛。叶片呈阔卵形或狭卵形，叶缘有粗齿或缺刻。花从茎上部的叶腋间抽出，花色丰富，有玫瑰红、淡红、淡黄等色；花萼呈钟形，裂片呈卵形至披针形；花冠呈漏斗形，花瓣呈倒卵形，外面疏被柔毛。

生活习性：

温度　喜温暖环境，以20~25℃为宜。

光照　喜阳光充足的环境。

水分　生长期见干补水，不可积水。

土壤　对土壤要求不高，最好使用疏松肥沃、排水性良好的微酸性黏土。

分布： 广东、云南、台湾、福建、广西、四川等地。

品种鉴别： 重瓣朱槿，又称朱槿牡丹、月月开、酸醋花。该变种与原变种的主要不同之处在于花重瓣，呈红、淡红、橙黄等色。

花单生于上部叶腋间，常下垂

叶片两面除背面沿脉上有少许疏毛外，均无毛

花瓣呈倒卵形，外面疏被柔毛

食用方法：

①采摘嫩叶后洗净，放入榨汁机榨成汁，直接饮用。

②采摘嫩叶后洗净，入沸水焯烫后捞出，放入蒜末、葱末和肉片，炒食。

饮食宜忌： 一般女性皆可服食，尤其适宜气虚脾弱或面色无华者。

功效主治： 嫩叶、花入药，具有滑肠通便、清热利湿等功效，常用于缓解急性结膜炎、尿路感染、鼻出血、月经不调、肺热咳嗽等症。

小枝疏被星状柔毛

别名：赤槿、日及、扶桑、佛桑、桑槿 | 性味：性寒，味甘 | 繁殖方式：扦插、嫁接 | 食用部位：嫩叶

木槿

落叶灌木，株高3~4米。茎枝上密生黄色的星状茸毛。叶片呈菱形至三角状卵形，叶缘有不规则的齿缺。花从叶腋间抽出，花呈钟形，颜色有纯白、淡粉红、淡紫、紫红等，其上被有星状短茸毛，花瓣则呈倒卵形。

生活习性：对环境的适应性很强，较耐干燥和贫瘠，对土壤要求不高，尤喜光和温暖潮润的气候。

分布：福建、广东、广西、云南、贵州、四川、湖南、湖北等地。

品种鉴别：

①白花重瓣木槿：该变种的花白色，重瓣，直径6~10厘米。

②粉紫重瓣木槿：该变种的花粉紫色，花瓣内面基部洋红色，重瓣。

③短苞木槿：该变种的叶菱形，基部楔形，小苞片极小，丝状，长3~5毫米，宽0.5~1毫米；花淡紫色，单瓣。

④雅致木槿：该变种的花粉红色，重瓣，直径6~7厘米。

⑤大花木槿：该变种的花桃红色，单瓣。

⑥长苞木槿：该变种的小苞片与萼片近等长，长1.5~2厘米，宽1~2毫米；花淡紫色，单瓣。

⑦牡丹木槿：该变种的花粉红色或淡紫色，重瓣，直径7~9厘米。

⑧白花单瓣木槿：该变种的花纯白色，单瓣。

⑨紫花重瓣木槿：该变种的花青紫色，重瓣。

食用方法：花朵晒干后可泡茶饮，也可炒食或与肉类一起炖汤食用。

饮食宜忌：适宜痢疾、白带异常者食用。

功效主治：花朵入药，具有清热凉血、解毒消肿的功效。可用于缓解肠风泻血、泻白下痢、痔疮出血等症。

花朵外面被破纤毛和星状短茸毛

叶菱形至三角状卵形，叶缘有不规则的齿缺

别名：无穷花、木棉、荆条 | 性味：性凉，味甘、苦 | 繁殖方式：播种、扦插、嫁接 | 食用部位：花朵

木棉

落叶大乔木，株高可达25米。树干的外皮呈灰白色。开红色或橙红色花，从叶腋间抽出，花瓣肉质肥厚，呈倒卵状长圆形，密生淡黄色短绢毛。长圆形的蒴果上面长有灰白色长柔毛。

花萼杯状，长2~3厘米

生活习性：

温度　喜温暖环境，以20~30℃为宜。

光照　喜阳光充足的环境。

水分　保持土壤湿润，稍耐湿，忌积水。

土壤　排水性良好、土层深厚肥沃的中性或稍偏碱性冲积土。

分布：北起四川西南攀枝花金沙江，南至两广、福建南部、海南等地。

食用方法：花朵晒干后可泡茶饮，也可做汤食用。

饮食宜忌：适宜肠炎、痢疾患者食用。体质虚弱且寒气重者、阴虚者慎用，孕妇禁用。

功效主治：花朵入药，具有清热利湿的功效，暑天可作凉茶饮用，还可以有效祛除体内湿气，可用于湿热内盛所导致的泄泻、痢疾等病症。

花瓣肉质，倒卵状长圆形

花朵外面无毛，内面密被淡黄色短绢毛

树皮灰白色，分枝平展

别名：攀枝花、红棉、加薄棉 | 性味：性凉，味甘、淡 | 繁殖方式：播种 | 食用部位：花朵

茄科

枸杞

多分枝灌木，株高50~100厘米。枝条纤细柔弱，呈弯曲或下垂状，淡灰色，枝顶则呈棘刺状。单叶互生或簇生，叶片呈长椭圆形或卵状披针形。淡紫色的花生于叶腋，花冠呈漏斗状。红色浆果呈卵状。黄色种子呈扁肾脏形。

生活习性：

温度 喜冷凉气候，耐寒力很强。当气温稳定在7℃左右时，种子即可萌芽，幼苗可抵抗-3℃低温。春季气温在6℃以上时，春芽开始萌动。枸杞在-25℃越冬，无冻害。

光照 光照充足，枸杞枝条生长健壮。

水分 根系发达，抗旱能力强，在干旱荒漠地仍能生长。生产上为获高产，仍需保证水分供给充足。

土壤 多生长在沙壤土中，最适合在土层深厚、肥沃的壤土中生长。

分布： 宁夏、甘肃、新疆、内蒙古、青海等地。

品种鉴别：

① 中华枸杞：高0.5~1米，枝条细弱。叶纸质，单叶互生或2~4枚簇生。花在长枝上单生或双生于叶腋，花冠漏斗状，长9~12毫米，淡紫色。浆果红色，卵状。

② 宁夏枸杞：高0.8~2米，分枝细密。叶互生或簇生，披针形或长椭圆状披针形。花萼钟状，裂片有小尖头或顶端有2~3齿裂。浆果红色，果皮肉质，多汁液。

食用方法：

① 干嚼枸杞子。

② 用枸杞子泡水喝。

③ 枸杞子跟其他食物一起煲汤食用。枸杞叶可以煲汤或裹面粉干炸。

饮食宜忌： 外感实热或脾虚泄泻者不宜食用。感冒发热、身体有炎症、腹泻患者或高血压患者最好别吃。枸杞子一般不宜和过多

性温热的补品同食，如桂圆、红参。

功效主治： 嫩叶、果实入药，具有滋补肝肾、益精明目、养血的功效，可增强免疫力、软化血管，常用于改善肝肾阴亏、虚劳精亏、腰膝酸痛、头晕目眩等症。

花柱梢伸出雄蕊，上端弓弯，柱头绿色

叶纸质，顶端急尖，基部楔形

枝条细弱，弓状弯曲或俯垂，有纵条棱

浆果红色、卵状，顶端尖或钝

别名：苦杞、枸忌、仙人杖 | 性味：性平，味甘 | 繁殖方式：播种、扦插 | 食用部位：果实

茅栗

乔木，高可达15米。枝茎为暗褐色。叶片呈倒卵状椭圆形或长圆形。坚果无毛或顶部有疏伏毛，成熟壳斗的锐刺有长有短，有疏有密，密时全遮蔽壳斗外壁，疏时则外壁可见。通常总苞内含坚果，成熟的坚果为深褐色，呈球形，一般无毛，有时顶端生有稀疏的伏毛，外壳上还长有长短不一、疏密有别的锐刺。

叶背有黄或灰白色腺鳞

生活习性：

温度　性喜温暖，生长适温为13~22℃。

光照　生长对光照要求不严，光照充足时生长更佳，不耐阴。

土壤　对土壤没有特殊要求，喜疏松肥沃、排水性良好的沙土。

分布： 中国大别山以南、五岭南坡以北各地。

食用方法： 果实可直接食用，也可炒食、炖汤，或制作成栗子糕、栗子饼等。

饮食宜忌： 适宜老年肾虚、老年气管炎咳喘或内寒泄泻者食用，对中老年腰酸腰痛、腿脚无力或小便频多者尤为适宜。

功效主治： 果实入药，具有安神、消食健胃、清热解毒的功效，可有效缓解失眠、消化不良、肺结核、肺炎、丹毒、疮毒等症。

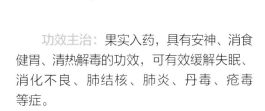

成熟茅栗的锐刺有长有短，有疏有密

果实成熟时为深褐色，球形

坚果包藏在密生尖刺的总苞内

别名：毛栗、毛板栗、野栗子　｜　性味：性平，味甘　｜　繁殖方式：播种、嫁接　｜　食用部位：果实

橄榄

乔木，株高10~25米。叶为复叶，有3~6对小叶，叶片呈披针形或椭圆形。腋生圆锥花序，花朵外稍被茸毛，有时也无毛。果实呈卵圆形至纺锤形，外果皮较厚，上面光滑无毛，成熟的果实为黄绿色。种子一般为1~2颗，两端渐尖，外表则呈浅波状。

生活习性：

温度　喜温暖，生长期需适当高温才能生长旺盛、结果良好，年平均气温在20℃以上。

光照　光照充足时生长更佳。

水分　降雨量在1200~1400毫米的地区可正常生长。

土壤　对土壤适应性较强，江河沿岸、丘陵山地、红黄壤、石砾土中均可栽培，只要土层深厚、排水性优良都可生长旺盛。

分布：福建、广东（多属乌榄）、广西、台湾、四川、云南、浙江南部等地。

食用方法：果实成熟后可直接食用，也可泡酒、煎汤、熬粥、腌制或泡茶饮。

饮食宜忌：一般人群均可食用，2岁以下幼儿及胃肠道功能不佳者不宜食用。

功效主治：果实入药，具有生津止渴、清肺利咽的功效。用于咽喉肿痛、心烦口渴、饮酒过度，还可缓解食用河豚、鱼、鳖引起的轻微中毒或胃肠不适。

果实呈卵圆形至纺锤形，无毛，横切面近圆形

叶片无毛或在背面叶脉上散生些许刚毛

油橄榄还能榨出橄榄油，其保留了天然营养成分，被认为是适合人体营养的油脂

别名：黄榄、青果、山榄、白榄 | 性味：性平，味甘、酸、涩 | 繁殖方式：播种 | 食用部位：果实

夹竹桃

枝条灰绿色, 含水液

花冠圆筒形, 上部扩大呈钟形

叶片顶端急尖, 基部楔形

常绿大灌木, 株高可达6米, 直立生长。枝茎肥厚多汁, 且呈灰绿色。叶片轮生, 呈窄披针形, 叶端急尖, 叶基呈楔形, 叶缘则略微反卷, 叶面为深绿色, 叶背为浅绿色。顶生聚伞花序, 开深红色或粉红色花, 气味芬芳, 花裂片呈倒卵形。

生活习性: 喜温暖、湿润且阳光充足的环境, 不耐寒, 忌积水, 适宜疏松、肥沃、排水性良好的中性土壤或微酸性、微碱性土壤。

分布: 中国各地, 以南方为多。

品种鉴别: 白花夹竹桃, 花为白色。花期几乎全年。

食用方法: 花朵洗净后, 入沸水锅中焯熟, 捞出用清水漂洗, 加油、盐炒熟, 即可食用。

饮食宜忌: 叶及茎皮有剧毒, 入药煎汤或研末, 均宜慎用。夹竹桃性寒, 有堕胎的功效, 孕妇忌食。

功效主治: 全草入药, 具有强心利尿、祛痰定喘、镇痛祛瘀的功效, 常用于缓解心力衰竭、喘息咳嗽、癫痫、跌打损伤所致肿痛、闭经等症。

别名: 柳叶桃、半年红、甲子桃 | 性味: 性寒, 味苦 | 繁殖方式: 扦插、分株、压条 | 食用部位: 花朵

鸡蛋花

花冠裂片阔倒卵形, 顶端圆, 基部向左覆盖

叶大, 厚纸质, 多聚生于枝顶

落叶小乔木, 株高可达8米。茎枝肉质肥厚, 较粗壮, 呈绿色。叶片硕大, 主要生于茎枝顶端, 呈宽卵形至圆形或心形, 叶缘有圆钝的锯齿。花主要生于茎枝顶端, 由白色或淡红色变为深红色, 花冠呈筒状。

生活习性: 喜高温、高湿、阳光足、排水性好的环境。

分布: 广东、广西、云南、福建等地有栽培, 长江流域及其以北地区需要在温室内栽培。

食用方法:

①花朵洗净, 入沸水焯熟后, 换凉水浸泡2~3小时, 捣碎后和面, 做成窝头蒸食。

②花朵洗净后, 加入大米, 熬煮成粥即可。

饮食宜忌: 尤适宜中暑、痢疾、咳嗽患者。凡寒湿泻泄、肺寒咳嗽者皆慎用。

枝条粗壮, 肉质, 具丰富乳汁

功效主治: 花朵、嫩叶入药, 具有润肺解毒、清热祛湿、祛痰利水的作用, 常用于缓解感冒发热、肺热咳嗽、湿热黄疸、泄泻痢疾、尿路结石、中暑及腹痛等症。

别名: 缅栀子、蛋黄花、印度素馨 | 性味: 性凉, 味甘、微苦 | 繁殖方式: 扦插 | 食用部位: 花朵

蔷薇科

玫瑰

直立落叶灌木，株高达2米，丛生。茎枝粗壮，分枝上则密被茸毛，还长有针刺和腺毛。叶为复叶，生有小叶5~9枚，叶片呈椭圆形或椭圆状倒卵形，叶缘有尖利的锯齿。开紫红色至白色花，会散发香味，重瓣至半重瓣，花瓣呈倒卵形。果实为砖红色，呈扁球形。

生活习性：

温度 耐寒、耐旱，以15~25℃为宜。

光照 喜阳光充足的环境。

光照 保持土壤湿润。

土壤 喜排水性良好、疏松、肥沃的沙壤土，在黏壤土中生长不良。

应用： 用于庭院、花坛、花境栽植等。

分布： 中国大部分地区均有。

品种鉴别：

①粉佳人：根分肉质根和须根，须根多生长在肉质根上；叶基生，浅绿色、宽线形、对排成2列，背面有龙骨突起，浅绿色。花上位，花葶粗壮，每葶可着花7朵。花单瓣，内外花被均为紫红色，花喉黄绿色，色泽亮丽。

②金枝玉叶：花型饱满，颜色为亮黄色，外层边缘偏白，有些甚至开出卷芯。

③卡罗拉：美国的专利产品，属于红玫瑰中的顶级品种，花色是最标准的玫瑰红，花朵大而饱满，每朵花的直径在8～10厘米，盛开后非常鲜艳，可谓"玫瑰中的上品"。

食用方法： 花瓣一般用来腌制、做馅或泡茶饮等。

饮食宜忌： 口渴、舌红少苔或脉细弦劲之阴虚火旺者不宜长期、大量饮服。孕妇不宜多次饮用。

功效主治： 花朵、果实入药，具有行气解郁、和血散瘀的功效，常用于治疗肝胃气痛、食少呕恶、月经不调、跌打伤痛及赤白带下等症。

別名：滨茄子、滨梨、刺玫 | 性味：性温，味甘、微苦 | 繁殖方式：播种、扦插、分株、嫁接
食用部位：花朵

月季花

直立灌木，株高1~2米。枝茎粗壮，呈圆柱形，上面有短粗的钩状皮刺。叶为复叶，生有小叶3~5枚，叶片呈宽卵形至卵状长圆形，叶缘则有尖利的锯齿。颜色较多，常见的有红色、粉红色及白色，有单瓣、半重瓣和重瓣3种，花瓣呈倒卵形。果实为红色。

花瓣先端有凹缺，基部楔形

生活习性：

温度　喜欢温暖环境，15~26℃为花朵生长的适宜温度；夏季高温时，对开花不利。

光照　喜欢阳光，但是过多的强光直射对花蕾发育不利，花瓣容易焦枯。

水分　见干见湿即可，需要注意土壤中不可有积水。

土壤　对土壤要求不高，但以富含有机质、排水性良好的微酸性沙壤土为好。

分布：湖北、四川和甘肃等地的山区。

品种鉴别：

①大花香水月季：植株健壮，单朵或群花，花朵大，花型高雅优美，花色众多、鲜艳明快，具有芳香气味，观赏性强。

②丰花月季：扩张型长势，花头呈聚状，耐寒、耐高温、抗旱、抗涝、抗病，对环境的适应性很强。

③微型月季：株型矮小，呈球状，花头众多，因其品性独特，又被称为"钻石月季"。

食用方法：

①花朵可与大米、小米等一同煮粥。

②将花朵晒干后，泡茶饮即可。

饮食宜忌：血虚及血热的患者千万不要服用。女性在怀孕期间慎食，以免对胎儿产生影响，甚至会有引发流产的风险。

功效主治：全草入药，性温，味甘，有活血消肿、疏肝解郁的功效，常用于女性经期出现月经稀薄、色淡量少、小腹胀痛、精神不畅、大便燥结等问题。

花朵集生，花色有红色、粉红色和白色

叶片两面近无毛，上面暗绿色，常带光泽，下面颜色较浅

果实卵球形或梨形，红色

别名：月月红、四季花 ｜ 性味：性平，味甘、淡、微苦 ｜ 繁殖方式：扦插、分株、压条
食用部位：花朵

桃

乔木，株高可达8米。叶片呈卵状披针形或圆状披针形，叶缘有细密的锯齿。开粉红色花，花瓣呈倒卵形或矩圆状卵形。果实呈球形或卵形，从白绿色至粉红色，外表皮上有短毛，散发清香，肉质肥厚，汁液较多，味道甜或微酸甜，可食用。

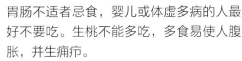

花单生，一般先于叶开放

叶片边缘有细锯齿，两面无毛

生活习性：

温度　喜温暖环境，生长适温为15~25℃。

光照　不耐阴，光照充足时生长更佳。

水分　不耐水涝，如受涝3~5日，轻则落叶，重则死亡。

土壤　喜疏松、肥沃、排水性良好的土壤，但不喜碱性土壤和黏土。

分布：主产于中国中部及北部。

品种鉴别：

①离核毛桃：果皮被短柔毛；果肉与核分离。

②粘核毛桃：果皮被短柔毛；果肉与核不分离。

③蟠桃：果实扁平；核小，圆形，有深沟纹。

食用方法：果实可直接食用，也可制作成果酒、果脯、果汁、果醋或罐头等。

饮食宜忌：内热偏盛、易生痈疖或胃肠不适者忌食，婴儿或体虚多病的人最好不要吃。生桃不能多吃，多食易使人腹胀，并生痈疖。

功效主治：果实入药，具有活血祛瘀、润肠通便、止咳平喘、养阴生津的功效，可缓解夏日口渴、血瘀经痛、腹痛、肠痈、跌打肿痛、肠燥便秘、气逆咳喘、疝气疼痛、便秘、自汗、盗汗等症。

果实呈球形或卵形，成熟后甜美多汁

别名：桃、白桃、毛果子｜性味：性温，味甘、酸｜繁殖方式：播种｜食用部位：果实

野杏

落叶乔木。叶片呈宽卵形或圆卵形，深绿色，叶基呈圆形至近心形，通常无毛，但有时下面叶脉附近也有少量柔毛。开白色或带红色花，花梗较短，花瓣呈圆形至倒卵形。果实近球形；内核呈卵球形，表面有网纹，较为粗糙。

生活习性：

温度 喜温暖环境，以15~20℃为宜。

光照 生长对光照要求不严，光照充足时生长更佳。

水分 保持土壤湿润，见干见湿即可。

土壤 在排水性良好的肥沃土壤中生长较佳。

分布： 主产于中国北部地区，尤其在河北、山西等省普遍野生。

食用方法： 果实可直接食用，也可制作成果酒、果奶、果醋；杏仁可凉拌，也可制成杏仁茶。

饮食宜忌： 野杏有小毒，产妇或幼儿不宜食用，特别是糖尿病患者，不宜吃杏或杏制品。

功效主治： 果实入药，具有生津止渴、清热解毒、止咳定喘、润肠通便的功效，常用于缓解热盛伤津、口渴咽干、肺燥喘咳等症。

叶片基部呈圆形至近心形

树皮灰褐色，有纵裂

果实近球形

花梗短，花瓣呈圆形至倒卵形

别名： 山杏、杏子、杏实 **| 性味：** 性温，味甘、酸 **| 繁殖方式：** 播种 **| 食用部位：** 果实

褐梨

乔木，株高可达8米。叶片呈卵状椭圆形至长卵形，叶缘有尖锐的锯齿。伞状花序，开5~8朵白色小花，花瓣呈卵形。褐色的果实呈球形或卵形，果实表面还有斑点。

生活习性： 喜温暖且阳光充足的环境，耐寒，耐旱，耐贫瘠，耐水涝，喜中性土和盐碱土。

分布： 河北、山西、陕西、甘肃等地。

食用方法： 成熟后生食，也可制成罐头。褐梨汁能润肺止咳。

饮食宜忌： 慢性肠炎、胃寒或糖尿病患者忌食生梨。

功效主治： 果实入药，具有清热生津、润燥化痰、消食止痢的功效；梨籽还含有木质素，是一种非水溶性纤维，可缓解便秘。

叶片先端具长渐尖头，基部宽楔形

果实呈球形或卵形，褐色，表面有斑点

花瓣呈卵形

别名： 棠杜梨、杜梨 **| 性味：** 性寒，味甘、微酸 **| 繁殖方式：** 播种、压条、嫁接 **| 食用部位：** 果实

火棘

常绿灌木，株高1~3米。茎顶或茎侧生有许多棘刺。枝茎上的短柔毛逐渐脱落，老枝则呈暗褐色。叶片绿色，呈倒卵形或倒卵状长圆形，叶缘有向内弯的钝锯齿，叶面、叶背皆无毛。橘红色或深红色的果实呈近球形。

果实近球形，橘红色或深红色

嫩枝外披短柔毛，老枝暗褐色

叶片先端圆钝或微凹，有时具短尖头

生活习性：

温度 喜温暖环境，不耐寒，生长适温为20~30℃。

光照 喜阳光充足的环境，可接受阳光下直射。

水分 耐旱，生长期以见干见湿为宜。

土壤 对土壤没有特殊要求，尤喜疏松、肥沃、排水性良好的中性或微酸性土壤。

分布： 中国黄河以南大部分地区。

应用价值： 火棘可用来制作微型盆景，除了可用播种、扦插、压条等方法繁育的植株，也可选择生长多年的植株矮小、姿态优美的老桩，老桩多在初春移栽。火棘盆景的造型方法以蟠扎为主、修剪为辅。对于幼树，要进行蟠扎造型，使枝干有一定的弯度，还可根据造型需要将树根提出土面，使盆景显得苍老古朴。树冠多采用自然形或圆片形或馒头形。

食用方法： 果实洗净后可直接食用，也可加工成果汁、果酒、果酱或罐头等。

饮食宜忌： 一般人群皆可食用，尤适宜月经不调、吐血便血、肠炎痢疾、产后腹痛、小儿疳积或白带异常的患者。

功效主治： 果实、根、叶入药，果实有消积止痢、活血止血的功效；根能清热凉血；叶可清热解毒，外敷可缓解疮疡肿毒。

别名：吉祥果、救兵粮、救命粮 | 性味：性平，味甘、酸 | 繁殖方式：播种、扦插、压条 | 食用部位：果实

毛樱桃

灌木，株高30~100厘米。枝茎为紫褐色或灰褐色。叶片呈卵状椭圆形或倒卵状椭圆形，叶缘急尖或有粗锯齿，绿色，上有稀疏的柔毛。开白色或粉红色花，单生或2朵簇生，花瓣呈倒卵形。红色的果实近球形。

生活习性：

温度 适应性强，可耐高温，生长适温为10~12℃，冬季最低温度不低于-20℃时即可生长良好，正常结果。

光照 年日照时数要在2600~2800小时。

水分 年降水量600~700毫米时生长较好。

土壤 以土质疏松、土层深厚的沙壤土为佳。

分布：中国大部分地区。

品种鉴别：

①绿萼毛樱桃：枝条较毛樱桃细密，姿态优美。花朵直径为1.5厘米，比毛樱桃略小，但花朵较密。萼片绿色，花瓣洁白如雪，3月下旬至4月上旬开放，满树琼花。花朵开放较缓慢，花期比毛樱桃长。

②垂枝毛樱桃：枝条拱形下垂，树冠呈伞状。叶较大，长6.5~7.4厘米，宽3.4~4.3厘米；托叶3全裂，条状披针形。

花瓣外被短柔毛或无毛

叶片上面暗绿色或深绿色，被疏柔毛

果实近球形，红色

花朵密集，粉白色，花柱短于雄蕊。果实较大，直径约为1.2厘米。4月上旬开花，花期为半个月，6月上中旬果实成熟。

食用方法：采摘成熟的果实直接食用，还可制成果汁或果酱。

饮食宜忌：体热、口腔溃疡、糖尿病患者要少吃毛樱桃。

功效主治：果实入药，具有健脾祛湿、润肺利咽的功效，对缓解消化不良、风湿腰痛有一定的作用。

别名：车厘子、朱果、含桃 | 性味：性微温，味甘、酸 | 繁殖方式：分株、嫁接 | 食用部位：果实

山楂

落叶乔木。叶片呈宽卵形或三角状卵形，叶缘有稀疏的不规则锯齿，暗绿色，叶面上还闪烁着光泽。伞房状花序，开密集的白色花，花瓣呈倒卵形或近圆形。深红色的果实近球形或梨形，外表皮上有浅色斑点。

果实近球形或梨形，深红色

叶片先端短渐尖，边缘有尖锐、稀疏、不规则的锯齿

生活习性：

温度 喜温暖环境，生长适温为18~32℃。

光照 耐阴，光照充足时生长更佳。

水分 耐旱，耐贫瘠，但喜湿润环境。

土壤 喜疏松、肥沃、排水性良好的微酸性沙壤土。

分布： 山东、河南、河北、辽宁、山西、北京、天津等地。

品种鉴别：

1. 甜口山楂：外表呈粉红色，个头较小，表皮光滑，食之略有甜味。

2. 酸口山楂

①歪把红：顾名思义，在其果柄处略有突起，看起来像是果柄歪斜，故名，单果比正常山楂大；市面上的冰糖葫芦主要用它作为原料。

②大金星：单果比歪把红要大一些，成熟果实上有小点，故名，口味最重，属于特别酸的一种。

③大绵球：单果个头最大，成熟时是软绵绵的，酸度适中，食用时基本不加工，保存期短。

④普通山楂：山楂最早的品种，个头小，果肉较硬，适合入药，市面上山楂罐头的主要原料。

食用方法： 直接食用，也可制成山楂酒、山楂果茶，或者煮粥、炖汤。

饮食宜忌： 孕妇禁食，易促进宫缩，诱发流产。胃酸分泌过多者慎用，以免引发胃肠不适。

功效主治： 果实入药，具有健脾开胃、消食化滞、行气散瘀的功效，还能预防心血管疾病，改善心脏活力，降血压和降胆固醇，软化血管。

花瓣呈倒卵形或近圆形

别名：山里果、山里红 | 性味：性微温，味酸、甘 | 繁殖方式：播种、分株、扦插、嫁接 | 食用部位：果实

野核桃

乔木或灌木。枝茎由灰绿色变为黄褐色，被浓密的柔毛。叶为奇数羽状复叶，小叶对生，叶片呈卵状矩圆形或长卵形，叶缘有细锯齿，无叶柄。果实呈卵形或卵圆状，外果皮上有浓密的腺毛，内核呈卵状或阔卵状，像人的大脑。

生活习性：

温度　喜温暖环境，生长适温为8~15℃。

光照　喜阳树种，要求阳光充足，生长更佳。

水分　生长期以见干见湿为宜。

土壤　对土壤肥力要求较高，不耐瘠薄，喜肥沃、湿润、排水性良好的微酸性土和微碱性土。

分布：甘肃、陕西、山西、河南、湖北、湖南等地。

食用方法：果仁可直接食用，也可炒食、榨油、配制糕点或糖果等。果仁可凉拌。

饮食宜忌：一般人群皆可食用，具有滋补、养生作用。腹泻、阴虚火旺、痰热咳嗽、便溏腹泻、内热盛或痰湿重者忌服。

功效主治：果实、根茎入药，具有补气养血、润肠通便的功效。核桃仁含有丰富的B族维生素和维生素E，以及多种人体需要的微量元素，可延缓细胞老化，能健脑、增强记忆力、延缓衰老。

幼枝灰绿色，老后黄褐色，密生柔毛

叶片中脉和侧脉有腺毛

果实内核呈卵状或阔卵状，顶端尖

别名：山核桃 | 性味：性平，味甘 | 繁殖方式：播种、嫁接 | 食用部位：果仁

杜鹃

花2~3朵簇生于枝顶，花冠阔漏斗形

落叶灌木。茎枝纤细。叶片聚生于枝端，呈卵形、椭圆状卵形或倒卵形，叶缘则微卷。花簇生于枝顶，有玫瑰色、鲜红色或暗红色，花冠则呈阔漏斗形。

生活习性：

温度　适宜生长温度通常在15~25℃。

光照　性喜凉爽、湿润、通风的半阴环境，忌阳光直射。

水分　每2天浇1次透水。

土壤　喜酸怕碱，要避免栽植在碱性和含钙质较多的土壤中，庭园露地种植不要靠近水泥、砖墙或用过石灰的地方。

叶革质，先端短渐尖，基部楔形或宽楔形

分布：广布于长江流域各地区，东至台湾，西南达四川、云南等地。

品种鉴别：

①春鹃：常绿、直立、独干或丛生，长势旺盛，花开时十分绚丽，一苞有3朵花，花大，直径可达8厘米。

②夏鹃：株型低矮，发枝力强，树冠丰满，花冠呈宽喇叭状，花型有单瓣、重瓣和套瓣，花瓣变化大，有圆、光、软硬、波浪状和皱曲状等。

③东鹃：植株低矮、枝条细软，花蕾生枝端3~4个，每蕾有花1~3朵，多时4~5朵；花色多有红、紫、白、粉白、嫩黄、白绿等。

④西鹃：植株低矮，常绿型，绿色枝条开白、粉白、桃红色花，集生于枝端，叶片大小居春鹃中大叶毛鹃与东鹃之间，叶面毛少，形状变化多。花为红色。

食用方法：花瓣洗净后，可作茶饮，

亦可煲汤。

饮食宜忌：杜鹃花有一定毒性，请务必在医生指导下食用。

功效主治：花朵入药，具有和血调经、祛风湿、解毒疮的功效，可缓解吐血、衄血、崩漏、月经不调及风湿痹痛等病症。

别名：映山红、红踯躅 | 性味：性平，味甘、酸 | 繁殖方式：扦插、压条、分株、播种 | 食用部位：花朵

棟科

香椿

多年生落叶乔木。树干呈深褐色。叶片为偶数羽状复叶；有对生或互生的小叶16~20枚，呈卵状披针形或卵状长椭圆形，叶端较尖，叶基不对称，叶缘有疏锯齿；叶面、叶背均无毛、无斑点，叶面绿色，叶背则为粉绿色；叶柄较长。

生活习性：喜温、喜光、耐湿。

分布：中国华北、华东、中部、南部和西南部地区。

品种鉴别：

①紫香椿：有黑油椿、红油椿、焦作红香椿、西牟紫椿等品种。

②绿香椿：有青油椿、黄罗伞等品种。

食用方法：将香椿嫩芽洗净，加少许盐，放入碗内，倒入沸水盖紧，浸泡5分钟后取出切成碎末。将豆腐切成2~3厘米的丁，入锅，拌入香椿末，再加香油、味精、盐调匀即可。

饮食宜忌：香椿嫩芽为发物，多食易诱使痼疾复发，故慢性疾病患者应少食

小叶纸质，对生或互生

叶端较尖，叶缘有疏锯齿

或不食。

功效主治：嫩芽入药，具有祛风理湿、止血止痛的功效，常用于缓解痢疾、肠炎、泌尿系统感染、便血、血崩及白带异常等病症。

別名：香椿头、香椿铃、香铃子 | 性味：性温，味苦、涩 | 繁殖方式：播种、分株 | 食用部位：嫩芽

米兰

常绿灌木或小乔木，分枝较多。枝茎幼嫩时，其顶端长有星状锈色鳞片，长大后逐渐脱落。奇数羽状复叶，有小叶3~5枚，叶片互生或对生，呈倒卵形至长椭圆形，光滑无毛，叶脉突出。腋生圆锥花序，开黄色花，香味很浓，花萼为5裂，裂片则呈圆形。浆果呈卵形或球形，外有星状鳞片。

生活习性：喜温暖，不耐寒，稍耐阴，以疏松、肥沃的微酸性土壤为宜。但幼苗期忌暴晒。

分布：广东、广西、福建、四川、云南等地。

食用方法：

①花洗净，加入汤中，增添滋味。

②花洗净，加入大米，熬煮成粥。

饮食宜忌：适宜胸膈胀满不适、呃逆不止、痰多咳嗽、头昏目眩者食用。

功效主治：花朵入药，入肺、胃、肝三经，具有解郁、催生、醒酒、清肺、止烦渴的功效。

叶片先端钝，基部楔形，两面均无毛

茎多分枝，幼枝顶端被星状锈色鳞片

別名：米仔兰、山胡椒、树兰、碎米兰 | 性味：性微温，味辛 | 繁殖方式：压条、扦插 | 食用部位：花朵

柳树

多年生乔木。茎细长，呈下垂状，淡紫绿色或褐绿色，一般无毛，只在幼时稍有毛。单叶互生，叶片呈线状披针形，叶端尖削，叶缘有腺状小锯齿，叶面浓绿色，叶背绿灰白色。黄褐色的蒴果长3~4厘米。

生活习性：

温度　喜温暖环境，以15~25℃为宜。

光照　阳光充足，可促进植株生长。

水分　保持土壤湿润。

土壤　对土壤没有很高的要求，适应能力强，能够耐盐碱。

分布：以西南高山地区和东北三省种类最多，其次是华北和西北地区。

食用方法：

①把柳树嫩芽用沸水烫一遍，然后用凉水浸泡，去除苦味，加盐，淋上香油和香醋，或拌上蒜泥、姜汁和黄豆酱即可。

②把柳树嫩芽用沸水烫一遍，然后用凉水泡去苦味，和玉米面和在一起，做成贴饼子。

③把柳树嫩芽用沸水烫一遍，然后用凉水泡去苦味，加盐、香醋、蒜泥、姜汁，用热的花椒油拌开，与小葱、豆腐搅拌在一起食用。

叶片先端尖，基部圆形或三角形

单叶互生，线状披针形，边缘有小锯齿

饮食宜忌：一般人群皆可食用，尤适宜牙痛、咽喉肿痛、中耳炎、惊悸心烦或疹出迟缓的患者。

功效主治：嫩芽入药，具有清热解毒、祛火利尿、养肝明目的作用，常用于缓解咽喉炎、支气管炎、肺炎等症，还可用于缓解高血压、血液黏稠等问题。

幼茎上梢有毛

柔荑花序直立或下垂

别名：垂柳 | 性味：性凉，味甘、苦 | 繁殖方式：插枝 | 食用部位：嫩芽

果实顶端略尖，
有花柱残基

樟科

月桂

常绿小乔木或灌木，株高可达12米。小细枝呈圆柱形。叶片互生，呈长圆形或长圆状披针形，叶缘为细波状，叶上部为暗绿色，下部则稍暗淡，叶脉为凸起的羽状脉。腋生伞状花序，开黄绿色小花。果实呈卵球形，未成熟时为青绿色，成熟时为暗紫色。

生活习性：

温度 喜温暖环境，以15~23℃为宜。

光照 喜阳光充足的环境，稍耐阴。

水分 保持土壤湿润，注意不要积水。

土壤 对土壤的要求不高，喜土层深厚、疏松肥沃且富含腐殖质的偏酸性沙土。

分布： 四川、云南、广东、广西、湖北等地。

食用方法：

①花朵晒干后可泡茶饮用。

②采摘花朵后洗净，入沸水焯烫后捞出，放入蒜末、葱末和肉片，炒食即可。

饮食宜忌： 一般人群皆可食用，尤适宜咳嗽痰多、牙痛、肾阳衰弱、心腹冷痛或虚寒胃痛的患者。

功效主治： 全株入药，具有健胃理气、温中行气的功效，可补元阳、暖脾胃、除积冷、通血脉，还能抗菌消炎、利尿止痛、温经通经。

总苞片近圆形，
外面无毛，内
面被绢毛

叶片先端锐尖或渐尖，
基部楔形

幼茎略被柔毛或近无毛

银杏

叶片在短枝上
常具波状缺刻

乔木。茎枝向上斜生长，近轮生。叶片呈扇形，淡绿色，枯老时才变黄色，叶面上有并列细脉，叶柄较长。此外，短枝上的叶片边缘有波状缺刻。种子呈椭圆形、卵圆形或近圆球形，具有下垂的长梗，肉质外种皮在成熟时变为黄色或橙黄色，外被白粉。

生活习性：喜强光，耐贫瘠，抗干旱，不耐寒，以排水性良好、疏松、湿润的中性或微酸性土壤为宜。

分布：陕西、江苏、浙江、福建、湖北、湖南、广西、四川、云南、贵州等地。

一年生的长枝淡河黄色，二年生以上变为灰色

品种鉴别：

①洞庭皇：种子倒卵圆形、丰满，为洞庭山银杏中种子最大的一种。

②小佛手：种子矩圆形，核均重为2.6克。

③鸭尾银杏：核先端扁而尖，形同鸭尾，多为实生。

④佛指：种子倒卵状矩圆形，核均重为3克，壳薄，仁饱满，浆水足，产量高，每个结种子枝上可结种子1~20粒。

⑤卵果佛手：种子形如鸡蛋，先端略小，中部以下渐宽；核大而丰圆，椭圆形或菱形，两端微尖。

食用方法：银杏果实可直接炒食、煮食，也可用来制作蜜饯、饮料等。

饮食宜忌：一般人群皆可食用，过敏体质、孕妇及低龄儿童都不适合食用银杏果。

功效主治：果实入药，具有敛肺气、定喘嗽、止带浊、缩小便的作用，可缓解哮喘、咳嗽、白带异常、白浊等症。

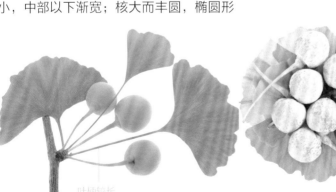

叶柄较长

外种皮肉质，成熟时黄色或橙黄色，外被白粉

别名：白果、公孙树、鸭脚子 | **性味**：性平，味甘、苦、涩 | **繁殖方式**：播种、扦插、嫁接 | **食用部位**：果实

木兰科

白兰

常绿乔木，株高可达17米。分枝较多，形成阔伞形树冠。叶片呈长椭圆形或披针状椭圆形，叶端渐尖，叶基呈楔形；叶上部无毛，下部则生稀疏的柔毛。开白色花，香气较浓，花被片有10枚，呈披针形。

生活习性：喜温暖、湿润、通风良好且阳光充足的环境，但适应性较差，既不耐寒，也不耐阴。

分布：黄河流域以南均有栽培，适合在温室越冬。

食用方法：可熏制花茶、酿酒或提炼香精。

饮食宜忌：一般人群皆可食用，尤适宜慢性支气管炎、前列腺炎、白浊或白带异常者。女子面色黯黄或无光泽者，可多食。

功效主治：花朵入药，性微温，味苦、辛，有清热解毒、散寒通窍的作用，还能改善肌肤暗黄、肤色不均等问题。

叶片先端渐尖，基部楔形

皮广展，被淡黄白色微柔毛

花夏季绽开，通常不结实

雄蕊较多，隔伸出长尖头

别名：白缅花、缅桂 | **性味**：性微温，味苦、辛 | **繁殖方式**：压条、嫁接 | **食用部位**：花朵

玉兰

落叶乔木，高可达25米。树干较粗糙，外皮呈深灰色；枝干则稍粗壮，外皮呈灰褐色。叶片绿色，呈倒卵形、宽倒卵形或倒卵状椭圆形。开白色到淡紫红色花，花瓣基部则带粉红色；花蕾呈卵圆形，会散发香味；花被片为9枚，呈长圆状倒卵形。

生活习性：喜阳光，稍耐阴。有一定耐寒性，在-20℃条件下能安全越冬，在中国华北地区背风向阳处能露地越冬。喜肥沃而适当润湿且排水性良好的弱酸性土壤。

分布：山东、江苏、浙江、江西、湖北、湖南、云南、四川、贵州、广西、广东、陕西等地。

食用方法：花朵洗净后，可煎食或蜜渍制作小吃，也可晒干后泡茶饮用。

饮食宜忌：一般人群皆可食用，尤适宜肺结核、肺脓肿、目翳或神经衰弱患者。容易过敏的患者禁止食用。

功效主治：玉兰花入药，可以消痰、益肺、和气，蜜渍尤良。同时，还能缓解痛经。

花先叶开放，白立，芳香

叶上面深绿色，嫩时被柔毛

枝广展，外皮呈灰褐色

别名：木兰、白玉兰、玉兰 | **性味**：性温，味辛 | **繁殖方式**：播种、嫁接 | **食用部位**：花朵

豆科

合欢

落叶乔木，株高可达16米。小细枝长有棱角，幼嫩时还被有茸毛。二回羽状复叶，有小叶10~30对，叶片呈线形至长圆形，叶端较尖锐，还长有少量短柔毛。顶生头状花序，头状花序可组成圆锥花序，开粉红色花。扁平的荚果呈带状，嫩荚有柔毛。

花萼、花冠外均被短柔毛

二回羽状复叶，叶片线形至长圆形

荚果扁平，嫩荚有柔毛，老荚无毛

生活习性：

温度 耐寒、耐阴湿，以13~18℃为宜。

光照 阳光充足则生长良好。

水分 保持土壤湿润即可。

土壤 适合土层深厚，富含腐殖质的土壤。

分布： 中国华东、华南、西南地区。

食用方法： 花朵晒干后可泡茶喝，也可用来煮粥或炖汤。

饮食宜忌： 适宜神经衰弱的患者食用。

功效主治： 花朵入药，具有解郁安神、滋阴补阳、理气开胃的功效。可用于缓解心神不宁、失眠、郁结胸闷、健忘等症。

别名：夜合欢、夜合树、绒花树 | 性味：性平，味甘、苦 | 繁殖方式：播种 | 食用部位：花朵

美丽胡枝子

直立落叶灌木，株高1~2米，分枝较多。茎枝被有稀疏的柔毛。叶片呈椭圆形、长圆状椭圆形或卵形，叶端稍尖或稍钝，绿色，上被有稀疏的短柔毛。腋生总状花序，有时还会构成顶生圆锥花序，开紫红色花，花瓣近圆形。

生活习性： 喜光，喜肥，较耐寒。

分布： 河北、山西、山东、河南等地。

食用方法：

①采摘嫩芽后洗净，入沸水焯烫后捞出，加入盐、酱油，炒熟即可。

②采摘嫩芽后洗净，入沸水焯烫后放入破壁机，按1∶1加水，榨汁饮用。

饮食宜忌： 适宜肺热咯血、便血及扭伤、脱臼、骨折患者食用。

功效主治： 嫩芽、花入药，具有清热凉血的功效，可缓解风湿疼痛、跌打损伤等症状。

多分枝，枝伸展

叶端稍尖或稍钝

别名：南胡枝子、假蓝根、碎蓝本 | 性味：性平，味苦 | 繁殖方式：插条、分株、播种
食用部位：嫩芽

槐

乔木，高可达25米。树干的外皮为灰褐色，上面还长有纵裂纹。叶为羽状复叶，叶片对生或近互生，多呈卵形，有时也呈线形或钻状。顶生圆锥花序，整个花形呈金字塔形，开紫红色、白色或淡黄色花，花瓣上还带紫色脉纹。卵球形的种子为淡黄绿色，脱水后为黑褐色。

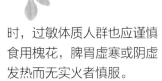

小花多皱缩而卷曲，花瓣多散落

小叶先端渐尖，基部宽楔形，全缘

树皮灰褐色

生活习性：

温度　生长适温为18~30℃。

光照　光照充足时生长更佳。

水分　保持土壤湿润，不耐水湿。

土壤　对土壤要求不高，但是深厚肥沃、湿润的土壤能使其生长旺盛。

分布：中国南北各地普遍栽培。

食用方法：

①槐花洗净后沥干，加入蒸熟的土豆泥中，按压成饼，放入平底锅煎成金黄色即可。

②采摘槐花后洗净，入沸水焯烫，拌面粉蒸熟，蘸蒜汁食用即可。

历史渊源：民间有云"门前种棵槐，财运自然来"。涡阳槐作为一种乡土树种，无论环境多么恶劣、土壤多么瘠薄，都能傲然挺立，健康生长。象征着涡阳人民自强不息、顽强拼搏的创新创业精神。在物质短缺的贫穷年代，尤其是青黄不接的时候，槐花、槐叶还是救命的口粮，在粮食欠收的年景，帮助涡阳祖辈度过了饥荒，故被老百姓称为"救命树"。

主要价值：

园林观赏价值　槐是庭院常有的特色树种，其枝叶茂密，绿荫如盖，适作庭荫树，在我国北方多用作行道树。配植于公园、建筑四周、街坊住宅区及草坪上，也极相宜。龙爪槐则宜门前对植或列植，或孤植于亭台山石旁。也可作工矿区绿化之用。夏秋可观花，并为优良的蜜源植物。

经济价值　木材富弹性，耐水湿。可供建筑、船舶、枕木、车辆及雕刻等用。种仁含淀粉，可供酿酒或作糊料、饲料。种子榨油供工业用；槐角的外果皮可提馅糖等。

饮食宜忌：

糖尿病患者最好不要多吃。粉蒸槐花不易消化，消化系统功能不好的人，尤其是中老年人不宜过量食用。同时，过敏体质人群也应谨慎食用槐花，脾胃虚寒或阴虚发热而无实火者慎服。

功效主治：花朵入药，具有凉血止血、清肝泻火的功效，常用于缓解肠风便血、痔血、肝火头痛、失声等症。其中所含的芦丁，还能改善毛细血管的功能。

种子卵球形，淡黄绿色，干后黑褐色

酸角

常绿乔木，株高10~25米。树木的外皮为暗灰色，还开裂成片状。叶为羽状复叶，小叶对生或互生，呈长圆形。一般开黄色花，也有少数带紫红色条纹的花，花瓣呈倒卵形，有波状边缘。棕褐色的荚果呈圆柱状长圆形。种子的数量一般为3~14粒，亮褐色。

生活习性：生长在温度条件好、降雨少、海拔不超过1500米的旱坡地。

分布：福建、广东、广西、四川等地的南部及海南、台湾。

食用方法：果肉可直接生食，还可加工成高级饮料或食品。

主要价值：

经济价值 木材重而坚硬，纹理细致，用于建筑，制造农具、车辆和高级家具。叶、花、果实均含有一种酸性物质，与其他含有颜色的花朵混合，可作染料。若对幼树施以园艺盆景技

术，不失为一种上好的盆景制作材料。

食用价值 果肉味酸甜，可生食或熟食，或作蜜饯或制成各种调味酱及泡菜；果汁加糖水是很好的清凉饮料；种仁榨取的油可供食用。

药用价值 果实入药，为清凉缓下剂，有祛风和抗维生素C缺乏症之功效。食用酸角豆还可缓解酒精、曼陀罗中毒。在医药方面，酸角豆也被人们广为应用。

绿化作用 酸角是热带和亚热带地区生态环境建设和绿化的优良树种之一。

饮食宜忌：胃酸分泌过多者不宜食用酸角。

功效主治：果实入药，具有开胃进食、和胃消积的功效，常用于缓解食欲不振、小儿疳积、妊娠呕吐等症。

别名：罗望子、木罕、曼姆 | 性味：性凉，味甘、酸 | 繁殖方式：播种 | 食用部位：果实

羊蹄甲

花朵能育雄蕊3枚，花丝与花瓣等长

叶呈心形，先端分裂达叶长的1/3~1/2，叶面无毛

乔木或灌木，株高7~10米，直立生长。树干的外皮厚而光滑，为灰色至暗褐色；新枝稍被柔毛，但会逐渐脱落。叶片近圆形，叶基为浅心形，叶端有裂片，裂片端圆钝或近急尖，有叶柄。侧生或顶生总状花序，开桃红色或白色花，花瓣呈倒披针形，花期为9~11月。种子呈近圆形的扁平状，外皮为深褐色，果期为2~3月。

生活习性： 喜阳光和温暖、潮湿环境，不耐寒。对土壤的要求不高，在酸性或碱性土壤中均能生长，在干旱瘠薄的地方则生长不良。

分布： 中国华南地区。

品种鉴别：

①洋紫荆：能育雄蕊5枚，花瓣较阔，具短柄。总状花序极短缩，花后能结果。

②红花羊蹄甲：能育雄蕊5枚，花瓣较阔，具短柄。总状花序开展，有时复合为圆锥花序，通常不结果。

食用方法：

①采摘嫩茎叶后洗净，入沸水焯烫，拌面粉蒸食，蘸蒜汁即可。

②采摘嫩茎叶后洗净，

枝初时略被毛，毛渐脱落

入沸水焯烫后捞出，放入蒜末、葱末和肉片，炒食即可。

饮食宜忌： 一般人群皆可食用，体质虚寒者慎食。

功效主治： 根入药，具有健脾祛湿、止血的功效，常用来缓解消化不良、胃肠炎、肝炎、咳嗽咯血、关节疼痛及跌打损伤等症。

别名：玲甲花、紫花羊蹄甲 | 性味：性凉，味淡 | 繁殖方式：播种、压条 | 食用部位：嫩茎叶

石榴

叶面光滑，短柄，新叶嫩绿色或古铜色

落叶灌木或小乔木，株高一般为3~5米，但有时也可达10米。单叶对生或簇生，叶片呈矩圆形或倒卵形，嫩叶为嫩绿色或古铜色，其上光滑无毛。橙红色的花簇生于枝顶或叶腋，花瓣为5~7枚，但多为重瓣，表面为蜡质。黄红色浆果呈球形。

生活习性：

温度　喜温暖环境，以25~32℃为宜。

光照　喜向阳的环境，光照越充足，花就会开得越好。

水分　保持土壤湿润。

土壤　以有机质丰富、排水性良好的微碱性土壤为佳。

分布：中国各地。

食用方法：

①剔出花蕊，洗净花瓣，烫至半熟，放入清水中漂洗后，可凉拌或炒菜。

②取石榴籽直接食用，或者将石榴籽放入搅拌机，加适量清水，搅打成汁即可饮用。

饮食宜忌：一般人群皆可食用，尤适宜中耳炎、创伤出血等患者。

功效主治：花朵入药，具有活血止血、祛瘀止痛的作用，可适当缓解鼻衄、中耳炎、创伤出血、月经不调、牙痛、吐血等症。

老枝近圆柱形

种子多数，具肉质外种皮

别名：安石榴、海石榴、若榴 | 性味：性温，味甘、酸、涩 | 繁殖方式：扦插、分株、压条 | 食用部位：花朵

榛

灌木或小乔木，株高1~7米。枝茎为黄褐色，上面有浓密的短柔毛和稀疏的长柔毛。叶片为矩圆形或宽倒卵形，叶缘有不规则的锯齿，上面还有稀疏的短毛，有时也几近无毛。果实的外表皮上有细条棱，还生有浓密的刺状腺体。坚果有坚硬的黄褐色外壳，无毛或仅顶端疏被长柔毛。

生活习性：

温度　耐寒性强，生长适温为10~20℃。

光照　喜光植物，光照充足时生长更佳。

水分　喜湿润环境。

土壤　对土壤要求不高。适合生长在肥沃、通气性良好的沙壤土中。

分布：东北、华北、西南横断山脉及西北的甘肃、陕西和内蒙古等地。

品种鉴别：川榛的叶呈椭圆形、宽卵形或几近圆形，顶端尾状；果苞裂片的边缘具疏齿，很少全缘；花药红色。

食用方法：果仁可直接食用，也可煮粥或油炸。榛子枸杞粥具有养肝益肾、明目丰肌的作用。

饮食宜忌：适宜食欲不振、体倦乏力、头晕眼花、机体消瘦、癌症或糖尿病患者食用。存放时间较长后不宜食用。榛子含有丰富的油脂，胆功能严重不良者应慎食，泄泻便溏者应少食。

叶片顶端凹缺或截形，中央具三角状突尖

小枝黄褐色，无或多少具刺状腺体

功效主治：果实入药，具有健脾和胃、润肺止咳的功效，可适当缓解病后体弱、脾虚泄泻、食欲不振及干咳等症。

果实近球形，具细条棱

别名：榛子、平榛、山板栗　｜　性味：性平，味甘　｜　繁殖方式：播种　｜　食用部位：果仁

牡丹

落叶灌木。叶通常为复叶，枝茎顶端的小叶呈宽卵形，绿色。花朵颜色多样，有玫瑰色、红紫色、粉红色、白色等，单朵花生于枝茎顶端，花瓣5枚，一般为重瓣，呈倒卵形，花瓣边缘有不规则的波状。

小叶表面绿色，无毛，背面淡绿色

花单生于枝顶，一般花瓣5枚

生活习性：

温度　温度在25℃以上则会使植株进入休眠状态，开花适温为17~20℃。

光照　喜温暖、阳光充足的环境。

水分　生长季忌积水。

土壤　以疏松、深厚、肥沃、地势高、排水性良好的中性沙壤土为宜。

分布： 中国各地。

品种鉴别：

①庆云黄：全体无毛；茎木质，圆柱形，灰色；嫩枝绿色，基部有宿存倒卵形鳞片。叶互生，纸质，二回三出复叶；叶片羽状分裂，裂片披针形，纸质。花2~5朵生于枝顶或叶腋；苞片披针形；萼片3~4枚。

②墨魁：株型中高，开展。枝粗壮弯曲，一年生枝较短，节间短；鳞芽肥大。圆尖形。大型圆叶，肥大，质厚；总叶柄粗壮，平伸；小叶阔卵形，缺刻浅，端钝，叶面粗糙，深绿色，具深紫色晕。生长势强，成花率高，花朵大而丰满。

食用方法： 花朵洗净，蘸裹面粉后油炸，用白糖浸渍，是口感及品质俱佳的蜜饯。

饮食宜忌： 一般人群皆可食用，尤适宜痛经、月经不调、面部黄褐斑或皮肤衰老者。

功效主治： 花朵入药，具有养血和肝、解郁祛瘀、通经止痛之效，还可改善面部黄褐斑及月经失调。

根皮剥之，圆质，断面色白，可入药

别名： 鼠姑、鹿韭、白茸、木芍药 | **性味：** 性微寒，味辛、苦 | **繁殖方式：** 嫁接 | **食用部位：** 花朵

榆树

落叶乔木，高可达25米，直立生长。茎斜生，呈钝四棱形，上有绿色条纹，茎皮粗糙，呈深灰色。叶片呈卵状矩圆形至卵状三角形，叶端微钝，叶基戟形至宽楔形，绿色，叶缘有不规则锯齿。

生活习性：适应性强，耐旱，耐寒，只要给予它充足的光照，在任何土壤环境下都能生存。具抗污染性，叶面滞尘能力强。

分布：中国东北、华北、西北、华中、华东等地区，黄河流域最为多见。

食用方法：

①榆树取嫩叶放入水里加盐浸泡10分钟，沥干水；加入面粉、鸡蛋、葱末，拌匀成面糊；平底锅加热，加少许油，舀1勺面糊均匀铺在锅里，煎到两面金黄色即可。

②把采摘来的榆树嫩叶用清水浸泡一段时间，沥干水，倒入干面粉搅拌，以榆树嫩叶都粘上干面粉为好；调入少许盐，拌匀后把裹好面粉的榆树嫩叶盛到篦子上，码匀；笼屉上锅，水开后蒸10分钟左右即可。取干净小碗倒入蒜泥、醋、酱油、油泼辣椒油、盐调匀，蘸食即可。

饮食宜忌：十二指肠溃疡患者慎食。

叶先端渐尖或长渐尖，基部偏斜或近对称

小枝无毛或有毛，淡褐灰色或灰色

功效主治：嫩叶、果实入药，具有健脾安神、清心降火、止咳化痰、和胃的作用，可缓解失眠、食欲不振、小便不利、水肿、小儿疳积及女性白带过多等症。

别名：榆、白榆、家榆 | 性味：性平，味甘 | 繁殖方式：播种 | 食用部位：嫩叶

东北茶藨子

　　落叶灌木，株高1~3米。叶为掌状三回分裂，叶片宽大，呈卵状三角形，叶端急尖或渐尖，叶缘有不规则的粗锯齿或重锯齿。总状花序，开淡黄绿色花，花朵较多，有40~50朵，花瓣则呈近匙形。红色的果实呈球形，表面光滑无毛，味道较酸，可食用。种子多数，较大，圆形。

　　生活习性： 喜阴凉而略有阳光之处，生于山坡或山谷针、阔叶混交林下或杂木林内。

　　分布： 黑龙江、吉林、辽宁、内蒙古、河北、山西、陕西、甘肃、河南等地。

　　品种鉴别：

　　①光叶东北茶藨子：叶片幼时上面无毛，下面灰绿色，沿叶脉稍有柔毛，仅在脉腋间柔毛较密；花序较短，长3~8厘米；萼片狭小，长1~2毫米。

花瓣先端圆钝或截形，淡黄绿色

小枝灰色或褐灰色

　　②内蒙茶藨子：叶片上面被长柔毛，下面密被茸毛；花萼和子房具长柔毛；果实幼时具长柔毛，老时逐渐脱落。

　　食用方法： 果实可直接食用，也可制作果酱或造酒；种子可榨油。

　　饮食宜忌： 一般人群皆可食用，尤适宜坏死病或感冒患者。

　　功效主治： 果实入药，可预防感冒和维生素C缺乏症；果实中的维生素C和果胶酶对人体有益，还可以保护人体胃部，对常喝酒的人来说，可以减轻胃部损伤。

叶片幼时，两面被灰白色平贴短柔毛

果实球形，红色，无毛

别名：满洲茶藨子、山麻子｜性味：性温，味酸｜繁殖方式：播种、分株、压条、扦插｜食用部位：果实

番木瓜

常绿软木质小乔木，株高8~10米。茎枝的汁液丰富。叶为5~9回深裂，为近似盾形的大叶片，聚生于茎顶端。成熟的浆果为橙黄色或黄色，呈梨形或近圆球形，肉质柔软，汁液丰富，味道香甜，可食用。种子呈卵球形，成熟的种子为黑色。

叶大，聚生于茎顶端，近盾形

浆果成熟时呈橙黄色或黄色，果肉柔软多汁

生活习性：

温度 适宜生长的温度是25~32℃；气温10℃左右，生长趋向缓慢；5℃以下，幼嫩器官开始出现冻害；0℃时叶片枯萎。

光照 对光照的需求比较多，光照充足，植株就会矮壮、根茎粗、节间短、叶片宽大厚实。如果光照不足，就会导致发育不良，从而坐果少，所以最好在光照好的地方栽培。

水分 生长发育过程中需要较多的水分，喜欢半湿的环境。既不能浇水过多以致积水，也不能浇水过少而导致生长环境过于干燥。

土壤 土壤适应性较强，但以酸性至中性为宜。

分布： 广东、海南、广西、云南、福建、台湾等地。

食用方法： 果食可直接鲜食，也可制成果酱、蜜饯或果汁。亦可炒食或作配菜。

饮食宜忌： 适合消化不良、十二指肠溃疡、乳汁稀少、风湿痹痛、肢体麻木、湿疹等症的人群食用。

功效主治： 果实入药，具有健胃消食、滋补催乳、除湿通络的功效。其果肉含有番木瓜碱，能缓解痉挛疼痛。

种子多数，卵球形，成熟时黑色

叶为5~9回深裂

别名：木瓜、番瓜、万寿果、乳瓜 | 性味：性平，味甘 | 繁殖方式：播种 | 食用部位：果实

番石榴

灌木或小乔木，株高可达10米。茎枝幼嫩时，不仅上面有棱，还被有柔毛。叶片呈长圆形至椭圆形，叶端急尖或圆钝，叶基近圆形，叶面粗糙，且上面有网状脉络。浆果呈球形、卵圆形或梨形，果实顶端留有花萼片，果肉白色或黄色。

生活习性：生于荒地或低丘陵上；适宜热带气候，怕霜冻，一般温度在-1℃~2℃时，幼树即会冻死。对于适宜生长温度，夏季平均温度需在15℃以上。对土壤要求不高，以排水性良好的沙壤土、黏壤土栽培生长较好。土壤pH值为4.5~8.0，均能种植。

分布：台湾、海南、广东、广西、福建、江西等地。

食用方法：果实可直接食用，也可加工成果酱、果汁、果脯、罐头或酿酒饮用等。亦可炒食。

饮食宜忌：儿童及经常便秘者或阴虚火旺者不宜多吃。

功效主治：果实入药，具有健脾消积、涩肠止泻的功效，常用于缓解食积饱胀、小儿疳积、腹泻、痢疾、脱肛及血崩等症。

| 别名：拔子、芭乐 | 性味：性平，味甘、涩 | 繁殖方式：播种、压条、嫁接、扦插 | 食用部位：果实 |

桑科

无花果

落叶灌木，直立生长。树干的外皮为灰褐色，分枝也较粗壮。叶3~5回分裂，小叶片互生，呈广卵圆形或卵形，叶缘有不规则钝齿，叶面较粗糙。果实似梨形，生于叶腋，果实顶端微下陷，成熟的果实为紫红色或黄色。

生活习性：喜温暖、湿润且阳光充足的环境，耐旱，但不耐寒，不耐水涝。

分布：中国南北方均有生长，新疆南部尤多。

食用方法：成熟果实可鲜食或烹饪煮食、煎汤，或加工成果脯制品。

主要价值：

食用价值 无花果是世界上最古老的栽培果树之一，食用价值较高。果实可以加工制作果酱、果脯、罐头、果汁、果粉、蜜饯、糖浆及系列饮料等，是无公害的绿色食品，被誉为"21世纪人类健康的守护神"。

绿化价值 无花果树势优雅，是庭院、公园的观赏树木。无花果叶片大，掌状裂，叶面粗糙，具有良好的

叶互生，厚纸质，长宽近相等

小枝直立，粗壮，灰褐色

吸尘效果。如与其他植物配植在一起，还可以形成良好的防噪声屏障。

品种鉴别：

①卵圆黄：叶为匙嘴型。果实长卵圆形，近梗部渐细长，顶端平。果皮果肉均为黄色，品质中等。

②小果黄：果型小而短，果柄亦短。皮黄色，肉厚，品质好。

③英国红：叶为葡萄叶形，果球形，果皮淡紫红色，秋果肉乳白色。

饮食宜忌：无花果是凉性水果，不适合脾胃虚弱的人群食用；对无花果过敏的人群，也不适合食用；孕妇及糖尿病患者慎食。

功效主治：果实入药，具有清热生津、健脾开胃、消肿解毒的作用，可以适当缓解咽喉肿痛、燥咳声嘶、乳汁稀少、肠热便秘、食欲不振等症。

果实单生于叶腋，大似梨形，成熟时紫红色或黄色

别名：映日果、奶浆果、蜜果 | 性味：性凉，味甘 | 繁殖方式：播种、扦插、压条 | 食用部位：果实

桑

落叶乔木或灌木。树干的外皮为灰白色，上面有条状浅裂。单叶互生，叶片呈卵形或宽卵形，叶缘有粗锯齿或圆齿，叶面有时也会有不规则分裂。果实为聚花果，呈长圆形，为黄棕色、棕红色至暗紫色，味道微酸而甜，可食用。花期4~5月，果期5~7月。

生活习性：

温度　喜温暖环境，以25~30℃为宜。

光照　喜阳光充足的环境。

水分　保持土壤湿润。耐旱，不耐涝。

土壤　对土壤的适应性强，适宜在弱酸性土壤中生长。

分布：中国大部分地区。

品种鉴别：鲁桑，叶大而厚，叶长可达30厘米，表面泡状皱缩；聚花果圆筒状，长1.5~2厘米，成熟时白绿色或紫黑色。

食用方法：果实可直接食用，嫩叶焯熟后可凉拌。

饮食宜忌：一般人群皆可食用，尤适宜头晕目眩、耳鸣心悸、烦躁失眠、腰膝酸软患者。体虚便溏者不宜食用，儿童不宜大量食用。

功效主治：果实、嫩叶入药，具有疏散风热、清肺明目等功效，可提高人体免疫力，常用于缓解风热感冒、风温初起、发热头痛、汗出恶风、咳嗽胸痛或肺燥干咳无痰、咽干口渴等症。

树皮厚，灰白色，具不规则条状纵裂

叶片先端急尖、渐尖或圆钝，基部圆形至浅心形

聚花果长圆形，成熟时呈黄棕色、棕红色至暗紫色

别名：桑树、家桑、蚕桑 ｜ 性味：性寒，味甘、酸 ｜ 繁殖方式：压条、播种、嫁接
食用部位：果实、嫩叶

刺五加

小叶片先端渐尖，基部阔楔形

一年生或二年生灌木，株高1~6米，分枝较多。茎上密生刺。叶片呈椭圆状倒卵形或长圆形，上面粗糙，为深绿色，下面则为淡绿色。顶生伞状花序。果实为黑色，呈球形或卵球形，上有5棱。

生活习性： 喜温暖、湿润气候，耐寒、耐微荫蔽。宜选土层深厚、呈微酸性的沙壤土。

分布： 东北地区及河北、北京、山西、河南等地。

刺直而细长，针状

食用方法：

①刺五加嫩枝芽洗净，焯水，剁得稍碎一点，打入几个鸡蛋，加盐，在锅里用油煎熟即可。

②刺五加嫩枝芽洗净，焯水，剁碎后和肉末放在一起，加上各种调料，做成馅料食用。

饮食宜忌： 阴虚火旺者慎服。服用本品期间，忌食油腻食物，忌情绪波动，忌饭后服用。

功效主治： 嫩枝芽入药，具有补气健脾、养心益胃的功效，可适当缓解体虚乏力、失眠多梦、头昏健忘、食欲不振、腰膝酸软、风湿痹痛及跌打损伤等症。

别名： 刺拐棒、老虎镣子、刺木棒 | **性味：** 性温，味甘、微苦 | **繁殖方式：** 播种、扦插、分株
食用部位： 嫩枝芽

龙牙楤木

叶片先端渐尖，基部圆形至心形

茎上密生细刺

多年生灌木或小乔木，株高1.5~6米。树基部膨大，树干为灰色，枝条为灰棕色，茎上密生细刺。叶片为2~3回羽状复叶，小叶片则呈阔卵形、卵形至椭圆状卵形，绿色，一般无毛。有时叶脉上也长有短柔毛和细刺毛，叶缘则生有稀疏的锯齿。

生活习性： 喜偏酸性土壤和阳光充足的环境。

分布： 黑龙江、吉林、辽宁等地。

食用方法：

①嫩茎叶洗净，烫熟去掉苦味，加入盐、醋凉拌，盛出即可。

②采摘嫩茎叶，洗净，用沸水焯熟，用油抓拌均匀，然后撒上面粉抓匀。热水上锅，蒸5分钟即可食用。

饮食宜忌： 适宜十二指肠溃疡和慢性胃炎等患者。

功效主治： 嫩芽入药，具有活血止痛、祛风利湿的作用，可适当缓解慢性胃炎、肝炎、糖尿病、风湿性关节炎及水肿等病症。

别名： 刺老牙、鹊不踏、刺老鸦 | **性味：** 性平，味甘、微苦 | **繁殖方式：** 播种、扦插 | **食用部位：** 嫩茎叶

沙棘

落叶灌木或乔木，株高1.5米。茎枝粗壮，上面有较多棘刺。单叶近于对生，叶片呈狭披针形或矩圆状披针形，茎上部叶为绿色，上被白色盾形毛或星状柔毛，茎下部叶为银白色或淡白色，上被鳞片。橙黄色或橘红色果实呈圆球形。种子小，阔椭圆形至卵形，有时稍扁。

生活习性： 喜光，耐寒，耐酷热，耐风沙及干旱气候，对土壤适应性强。

分布： 山西、陕西、内蒙古、河北、甘肃、宁夏、青海、四川等地。

品种鉴别：

①江孜沙棘：高5~8米，小枝纤细，灰色或褐色。叶互生，狭披针形。果实椭圆形，黄色。

②蒙古沙棘：高2~6米，叶互生。果实圆形或近圆形。

③中国沙棘：高1~5米，嫩枝褐绿色，老枝灰黑色。单叶通常近对生，狭披针形或矩圆状披针形。果实圆球形，直径4~6毫米，橙黄色或橘红色。

④中亚沙棘：高可达6米，嫩枝密被银白色鳞片，老枝树皮部分剥裂。单叶互生，顶端钝形或近圆形。果实阔椭圆形或倒卵形至近圆形。

嫩枝褐绿色

食用方法： 沙棘果一般可用来制作果酱、果汁和果醋，还可以泡酒、煮粥、炒菜等。

饮食宜忌： 一般人群皆可食用，尤适宜胃炎、心脏病或咳嗽痰多的患者。孕妇慎食。

功效主治： 果实入药，具有健脾消食、止咳祛痰、活血散瘀的作用，主要用于缓解脾虚食少、食积腹痛、咳嗽痰多、胸痹心痛等病症。

单叶通常近于对生，与枝条着生相似，纸质

果实圆球形，橙黄色或橘红色

别名：黄酸刺、达日布 | 性味：性平，味酸、涩 | 繁殖方式：播种、扦插、压条 | 食用部位：果实

沙枣

落叶乔木或小乔木，高5~10米。茎部一般没有刺，但有时也有刺。叶片呈矩圆状披针形至线状披针形。开银白色花。果实呈椭圆形，外果皮为粉红色，并且被有浓密的银白色鳞片，果肉则为乳白色，粉质。

生活习性：抗旱，抗风沙，耐盐碱。对土壤、气温、湿度要求不高。

分布：中国西北地区和内蒙古西部。

品种鉴别：东方沙枣，本变种花枝下部的叶片呈阔椭圆形，两端钝形或顶端圆形，上部的叶片呈披针形或椭圆形；花盘无毛或有时微被小柔毛；果实大，阔椭圆形，栗红色或黄色。

食用方法：果实洗净可直接食用，也可以酿酒、制酱油、果酱、制醋等。

饮食宜忌：一般人群皆可食用，凡是有湿痰、积滞、牙痛的患者暂少食沙枣。糖尿病患者应少食或不食沙枣。

叶薄、纸质，顶端钝尖，基部楔形

果实椭圆形，外果皮粉红色，果肉乳白色，粉质

功效主治：果实入药，具有养肝益肾、健脾调经的功效，常用于缓解胃痛、腹泻、身体虚弱、肺热咳嗽、月经不调等症。

别名：银柳、刺柳 | **性味**：性凉，味酸、微甘 | **繁殖方式**：播种、扦插、压条 | **食用部位**：果实

拐枣

高大乔木，株高10~25米。果实红褐色或灰褐色，近球形，直径约7毫米，表面光滑无毛，肉质的果柄呈扭曲状，由于其形似"卍"字而又被称为"万字果"。

生活习性：喜阳光充足的环境，适应能力较强，耐寒，耐旱，耐瘠薄。土壤深厚肥沃、湿润时可快速生长。

分布：陕西、安徽、浙江、福建、湖北、湖南、广西、四川、贵州等地。

品种鉴别：伏江枳椇，此变种的叶形、锯齿及花序等性状与原变种相同，仅以果实被疏柔毛，花柱下部被疏柔毛相区别。花期5~7月，果期8~10月。

食用方法：果实可直接鲜食，也可用来制作酒、醋、糖等衍生品。

饮食宜忌：适宜小儿疳积或风湿病患者，注意不要食用过多。

功效主治：果实入药，具有健脾和胃、润肠利尿、

小枝褐色或黑紫色，被棕褐色短柔毛或无毛

果实近球形，无毛，成熟时黄褐色或棕褐色

止咳除烦、祛湿平喘的功效，常用于缓解热病消渴、醉酒、呕吐、呃逆、发热等症。

别名：万字果、鸡爪树、金果梨 | **性味**：性平，味甘 | **繁殖方式**：播种 | **食用部位**：果实

酸枣

落叶灌木或小乔木，株高1~4米。叶互生，叶片椭圆形至卵状披针形，叶缘有细锯齿。从叶腋中开出黄绿色花，簇生。果实近球形或短长圆形，成熟时为红褐色，味道较酸，核两端钝。

生活习性：

温度　喜温暖、干燥的环境，耐寒。

光照　对光照要求不高，光照充足时生长更佳。

水分　忌水涝。

土壤　对土壤要求不高，耐贫瘠，适应能力较强。

分布：辽宁、内蒙古、河北、山西、山东、安徽、河南、湖北、甘肃、陕西、四川等地。

品种鉴别：

①园酸枣：酸枣的基本类型，分布较广。树冠半开张，刺多；叶片小，长卵形，果实圆形，种仁饱满。如大园酸枣、园铃酸枣、园酸枣、小铃铛酸枣等。

②长酸枣：和园酸枣基本相似，树冠半圆形，刺多而细小，侧枝长，叶片较大。果实呈长圆形。出仁率中等，果核呈长圆形或纺锤形。如长酸枣、马莲酸枣、仿铃酸枣、大长甜酸枣等。

③扁酸枣：树冠开张，长势中等。果实扁圆形，大小不等，成熟时呈红棕色，核小肉多，适合食用。如算盘子酸枣、砒子酸枣、扁酸枣、小扁酸枣等。

④尖嘴酸：树势中等，枝条较密，叶片较大，针刺易脱落。果实长椭圆形，果柄中长，果点多、果皮厚、味酸甜、核长圆形。如尖嘴酸枣、尖酸枣、甜辣椒酸枣等。

⑤牛奶酸枣：树形与园酸枣相似，树势中等，叶片小，针刺易脱落。果实卵形或桃形。果核呈长圆形或纺锤形。如牛心酸枣、牛奶酸枣、鸡心酸枣等。

食用方法：果实可直接食用，也可加工成饮料或食品，如酸枣汁、酸枣酒等。

饮食宜忌：

一般人群皆可食用，尤适宜失眠患者。

功效主治：果实入药，具有养心、安神、敛汗的功效，常用于改善神经衰弱、失眠、盗汗等症状。此外，酸枣仁还有镇静的作用。

别名：山枣、野枣 | 性味：性凉，味酸、涩 | 繁殖方式：播种、分株、嫁接 | 食用部位：果实

柿科

君迁子

落叶乔木，高可达30米。叶片呈椭圆形至长圆形，叶面生有浓密的柔毛，但会逐渐脱落，叶背为灰色或苍白色，叶背的叶脉周围则长有柔毛。开淡黄色或淡红色花。果实长椭圆形，外表皮上有白蜡层，成熟后的果实为蓝黑色。

生活习性： 喜光，耐半阴，耐寒及耐旱。须根发达，喜肥沃、深厚的土壤，但对瘠薄土、中等碱性土及石灰质土有一定的忍耐力。

分布： 山东、辽宁、河南、河北、山西、陕西、甘肃、江苏、浙江等地。

品种鉴别： 多毛君迁子，该变种为高可达13米的乔木，和君迁子不同的地方是枝条和叶的两面都密生长柔毛。

食用方法： 果实去除涩味后，可以直接食用，也可酿酒、制作酱油或果酱等。

饮食宜忌： 君迁子性凉，脾胃功能不佳者不可多吃。君迁子禁止在空腹情况下食用，以免加重胃肠负担，对身体造成不良影响。

功效主治： 果实、种子入药，具有润肠通便、生津除烦的功效，可起到止渴、去烦热、润泽肌肤的作用，还能促进胃肠蠕动，预防便秘。

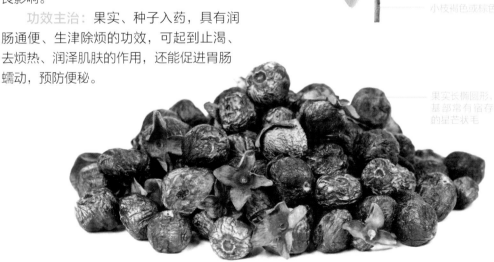

叶片先端渐尖或急尖，基部钝，上面深绿色

小枝褐色或棕色

果实长椭圆形，基部常有宿存的星芒状毛

别名：黑枣、软枣、牛奶柿 | 性味：性凉，味甘、涩 | 繁殖方式：播种 | 食用部位：果实

龙眼

小叶顶端短钝尖，有时稍圆钝，基部极不对称

果实近球形，黄褐色或有时灰黄色，果期为夏季

常绿乔木，高通常10余米。叶为小叶，有4~5对小叶，叶片呈长圆状椭圆形至长圆状披针形，叶面为深绿色，叶背为粉绿色，叶面、叶背皆无毛。开乳白色花，花瓣呈披针形。果实近球形，外表皮呈黄褐色或灰黄色，并稍显粗糙，有时上面还有小瘤体。种子茶褐色，光亮。

生活习性： 喜高温、干燥且阳光充足的环境，不宜遮阴。碱性土中不宜栽种。

分布： 福建、台湾、广东、广西、云南、贵州等地。

品种鉴别：

①草铺种龙眼：草铺种果实圆球形或略扁圆形，中等大。果皮赤褐色或黄灰褐色，有龟状纹。果肉白蜡色至浅黄蜡白色，半透明，离核较易。

②东边勇龙眼：其果粒大，黄褐色，不裂果，果肉爽脆不流汁，清甜常蜜。

③古山二号龙眼：树势较强，树冠半圆形，开张，分枝密度中等。果实圆形略歪。果皮黄褐色，较薄。果肉乳白色，果肉易离核，肉质爽脆，味清甜。

食用方法： 果实成熟后可直接食用，果肉鲜嫩多汁，也可晒成干果。

饮食宜忌： 内有痰火或湿滞停饮者忌食，孕妇亦忌食。

功效主治： 果实入药，具有补心脾、益气血、健脾胃的功效，可适当缓解头昏、失眠、心悸怔忡、虚羸瘦弱、病后或产后体虚等症。

别名：桂圆、亚荔枝、燕卵 | 性味：性温，味甘 | 繁殖方式：播种 | 食用部位：果实

文冠果

小枝粗壮，红褐色

落叶灌木或小乔木，株高2~5米。红褐色的枝茎较粗壮。叶为复叶，有4~8对小叶，叶片呈披针形或近卵形，绿色。蒴果近球形，黑色而有光泽。

生活习性： 喜阳，耐半阴，对土壤适应性很强，耐瘠薄、耐盐碱。

分布： 中国北部和东北部，西至宁夏、甘肃，东北至辽宁，北至内蒙古，南至河南。

食用方法： 花、叶焯熟后可凉拌；果实可与蜂蜜一起腌藏，制成蜜饯。

小叶顶端渐尖，基部楔形，叶片膜质或纸质

蒴果近球形，果期秋初

饮食宜忌： 适宜风湿热痹、筋骨疼痛者食用。

功效主治： 茎或枝叶入药，具有祛风除湿、消肿止痛的功效，适宜夏季食用。

别名：文官果、土木瓜 | 性味：性平，味甘、微苦 | 繁殖方式：播种、嫁接、根插、分株
食用部位：花、叶、果实

杨梅

常绿乔木，株高可达15米以上。枝茎上无毛，但有少量不明显的皮孔。叶片呈长椭圆形或楔状披针形，叶缘有稀疏的锐锯齿，为绿色，上面还闪烁着光泽。果实球状，因汁液较多且含有树脂而使外皮肉质，表面有乳头状突起，内皮则有木质化硬皮，深红色或紫红色的熟果可食用，味道酸甜。4月开花，6~7月果实成熟。

生活习性： 喜温暖湿润、多云雾的气候，不耐强光，不耐寒。

分布： 云南、江西、四川、浙江、江苏、广东、广西、贵州等地。

品种鉴别：

①荸荠种：该品种树势较弱，树冠不整齐，而且枝短，叶密，叶呈椭圆形，大小不一致。果中等大小，正扁圆形，呈淡紫红色至紫黑色，肉质细软，味清甜，汁液多。

②二都杨梅：树势强健，树冠半圆形，叶为倒披针形或倒长卵形。果实大，果面呈白玉色。果肉柔软，多汁、味甜而稍带酸，品质好。

③丁岙梅：树冠较大，枝叶较疏。果圆形，果肉厚，肉柱较钝，柔软多汁。

④东魁：树势强壮，树姿直立，叶大，倒披针形。果实较大，为近圆球形，果面呈紫红色，果肉呈红色或浅红色。

⑤晚稻杨梅：树势强壮，树冠高大，叶披针形，果实圆球形，果皮呈紫黑色，肉柱圆钝、肥大、整齐。

食用方法： 果实成熟后可直接食用，也可泡酒。

饮食宜忌： 凡阴虚、血热、火旺、有牙齿疾病或糖尿病患者忌食。杨梅对胃黏膜有一定的刺激作用，故溃疡病患者要慎食。食用杨梅后应及时漱口或刷牙，以免损坏牙齿。

功效主治： 果实入药，具有和胃止呕、生津止渴、除烦、清肠的作用，常用于缓解胃阴不足、饮酒过度、口干渴、胃气不和、食欲不振等症。

叶片呈长椭圆形或楔状披针形

小枝无毛，皮孔少而不明显

叶革质，常密集于小枝上端部分

果实外表面具乳头状突起，外果皮肉质，多汁液

别名：龙睛、朱红、树梅、山杨梅 | 性味：性平，味酸、甘 | 繁殖方式：播种 | 食用部位：果实

迷迭香

灌木，株高可达2米。茎和老枝都呈圆柱形，为暗灰色，上面有不规则的纵裂纹，以及白色星状细茸毛。叶片丛生，呈线形，并呈反卷状。总状花序，开蓝紫色花，外被稀疏短柔毛，几乎无花梗。

生活习性： 性喜温暖气候，较耐旱，以富含沙质、排水性良好的土壤为佳。迷迭香生长缓慢，因此再生能力不强。

分布： 原产自欧洲及北非地中海沿岸，后引入中国，现中国南方大部分地区与山东地区栽种。

食用方法：

①花朵洗净，焯水，剁碎后和肉末放在一起，加上各种调料，然后包饺子吃。

②花朵洗净，放入沸水中焯熟，捞出沥干，加入盐、香油、醋、酱油凉拌即可。

③嫩叶可作配菜。

饮食宜忌： 一般人群皆可食用，尤适宜失眠多梦、心悸头痛、消化不良、胃胀痛、风湿痛或四肢麻痹的患者。

功效主治： 全草入药，可起到发汗、健脾、安神、止痛的功效，具有缓解各种头痛、改善神经衰弱、祛斑美容及防止早期脱发的作用。

叶常常在枝上丛生，具极短的柄或无柄

花冠蓝紫色，外被短短柔毛，内面无毛，冠筒稍外伸

茎和老枝上有不规则的纵裂，块状剥落

别名：海洋之露 ｜ 性味：性温，味辛 ｜ 繁殖方式：播种 ｜ 食用部位：花朵、嫩叶

黄荆

灌木或小乔木。茎枝呈四棱形。掌状复叶，小叶5枚，少有3枚；叶片呈长圆状披针形至披针形，叶端渐尖，叶缘有粗锯齿；叶面绿色，叶背则密生灰白色茸毛。顶生聚伞花序，聚伞花序构成圆锥花序，开淡紫色花，外有少许柔毛。核果近球形。

生活习性： 生于向阳山坡、原野，耐旱、耐贫瘠。萌芽能力强，适应性强，多用于荒山绿化。

分布： 长江以南各地，北达秦岭淮河地区。

品种鉴别：

①小叶荆：灌木。掌状复叶，小叶片椭圆状披针形，表面绿色，背面密生灰白色茸毛。果实有毛。

②疏序黄荆：小枝被灰褐色茸毛。小叶片椭圆形，两面有茸毛。圆锥花序大而开展，侧枝明显地分出小枝。

③白毛黄荆：小枝密生灰白色茸毛。小叶片阔披针形至卵形。花序较紧缩。

④拟黄荆：掌状复叶，小叶片披针形或狭椭圆形。圆锥状花序由假聚伞花序组成。

⑤荆条：小叶片边缘有缺刻状锯齿，浅裂以至深裂，背面密被灰白色茸毛。

食用方法：

①嫩茎叶洗净，烫熟后，去掉苦味，加入盐、醋凉拌，盛出即可。

②采摘嫩茎叶洗净，用沸水焯熟，用油抓拌匀，然后撒上面粉抓均匀。热水上锅，蒸5分钟即可食用。

饮食宜忌： 一般人群皆可食用，尤适宜肠炎或支气管炎的患者。

功效主治： 嫩茎叶入药，具有清热止咳、化痰截疟的作用，可缓解感冒、肠炎、痢疾、湿疹、皮炎及泌尿系统感染等症。

叶片顶端渐尖，基部楔形，全缘或有少数粗锯齿

花冠淡紫色，外有微柔毛

小枝四棱形，密生灰白色茸毛

别名： 黄荆条、黄荆子、布荆 | **性味：** 性平，味苦、微辛 | **繁殖方式：** 播种、扦插、压条 | **食用部位：** 嫩茎叶

牡荆

落叶灌木或小乔木，株高约5米，分枝较多。茎部能散发香味，上面还被有细毛。绿色的叶片对生，呈披针形，叶缘有粗锯齿，叶面、叶背在叶脉处皆有短细毛。顶生或侧生圆锥状花序，开淡紫色花，花苞呈线形，花萼呈钟状，花冠外则生有细密的柔毛。黑色的浆果呈球形。

花冠淡紫色，外有微柔毛，顶端5裂

叶片表面绿色，背面淡绿色

茎直立，纵生，多分枝，小枝四棱形，具有香味

生活习性：

温度　喜温暖环境，生长适温为20~28℃，耐寒。

光照　喜阳光充足、通风的环境。不怕晒，不怕冻。

水分　生长期保持湿润，忌积水。

土壤　多选用疏松透气、排水性良好的土壤。耐盐碱，耐贫瘠，耐干旱。

分布：中国华东地区及河北、湖南、湖北、广东、广西、四川、贵州等地。

食用方法：

①嫩茎叶洗净，用沸水稍稍浸烫，换清水浸泡，捞出沥干，加盐、醋、白糖，拌好即可。

②嫩茎叶洗净备用，加入汤中，增添风味。

饮食宜忌：一般人群皆可食用，尤适宜感冒、风湿、喉痹、疮肿或牙痛患者。脾胃虚寒者及儿童慎食。

功效主治：嫩茎叶入药，常用于缓解风寒感冒、痧气腹痛、吐泻、痢疾、风湿痹痛、喉痹肿痛、足癣等病症。

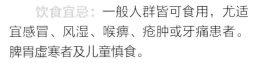

牡荆子摘采后洗净晒干，可作药用，有化湿祛痰的作用

别名：土常山、五指柑、补荆 | 性味：性平，味辛、微苦 | 繁殖方式：播种、扦插、压条 | 食用部位：嫩茎叶

蜡梅

落叶小乔木或灌木，株高可达13米。幼枝呈四方形，老枝则近圆柱形，灰褐色，一般无毛，有时也稍被疏毛。叶片呈卵圆形、椭圆形、宽椭圆形至卵状椭圆形，有时也呈长圆状披针形，叶背的叶脉上被疏毛。花生于叶腋，开白色、粉红色、红色花，花香袭人，花被片呈圆形、长圆形、倒卵形、椭圆形或匙形，花期为冬季及早春。果实的底托近木质化，果实呈坛状或倒卵状椭圆形，成熟期为4~11月。

生活习性： 性喜阳光，亦稍耐阴，较耐旱，害怕水涝。具有一定的耐寒能力，但畏风，露地越冬时，一般要求温度在−10℃以上。适合生长在透气性好、疏松、肥沃的中性或微酸性土壤中。

分布： 山东、江苏、安徽、浙江、福建、江西、湖南、湖北、河南、陕西、四川、贵州、云南等地。

品种鉴别：

①素心蜡梅：花被片纯黄色，内轮有接近纯色，花较大，香气浓。

②大花素心蜡梅：花被片全为鲜黄色。花大，宽钟形。

③磬口蜡梅：花较大，花被片近圆形，深鲜黄色，红心。花期早而长。叶也较大。

④小花蜡梅：花很小，直径常不足1厘米，外轮花被片淡黄色，内轮花被片具紫色斑纹。

⑤狗牙蜡梅：又称狗蝇蜡梅，花小，香味淡，花瓣狭长而尖，红心；多为实生苗或野生类型。

⑥外冈：花朵着生密集，外形像荷花，浅黄色，有浓郁的香味。

枝无毛或被疏毛，有皮孔

内部花被片比外部花被片短

老枝近圆柱形，灰褐色

食用方法： 花朵可洗净用于汤品调味、糕点装饰，也可风干后泡茶饮用。

饮食宜忌： 适宜暑热心烦、口干舌燥、小儿百日咳、肝胃气痛、水火烫伤者食用。脾胃虚寒者慎用。

功效主治： 花朵可入药用，具有解暑生津、开胃、解郁的功效，可适当缓解暑热头晕、呕吐、气郁胃闷、百日咳等症。

花朵风干后可用来泡茶，有清热消暑之效

别名： 金梅、腊梅、黄梅花、蜡花、蜡木 | **性味：** 性凉，味辛、甘、微苦
繁殖方式： 分株、播种、扦插、压条 | **食用部位：** 花朵

山茶

叶片先端略尖，或急短尖而有钝尖头，基部阔楔形

乔木，株高约9米。茎为黄褐色，小细枝为绿色或绿紫色。叶片呈椭圆形，叶端稍尖，叶基呈阔楔形，叶上部深绿色，下部浅绿色。顶生红色、粉红色或白色花，花瓣有6~7枚，呈倒卵圆形。蒴果呈圆球形，外被柔毛。

生活习性：

温度 惧风喜阳，生长适温为18~25℃，30℃以上时停止生长，35℃时叶子会有烧灼现象。

光照 喜半阴半阳，忌晒。

水分 保持土壤湿润即可。

土壤 喜欢生长在疏松透气、含腐殖质丰富且排水性良好的微酸性土壤中。

花顶生，红色，外面有绢毛，后脱落

分布：中国中部及南方各地区，露地多有栽培，北部则多温室盆栽。

食用方法：花朵晒干后可泡茶饮，种子可榨山茶油。花亦可入菜，如山茶花炒腊肉等。

饮食宜忌：一般人群皆可食用，尤适宜鼻衄吐血、血崩、创伤出血、肠风下血或久泻久痢等患者。

功效主治：花朵入药，具有收敛凉血、补肝缓肝、破血清热、润肺养阴的功效，常用于缓解吐血、便血、血崩等症，外用还可改善烧烫伤、创伤出血等症。

小枝绿色或绿紫色

别名：曼佗罗、薮春、山椿 | 性味：性凉，味苦、辛 | 繁殖方式：扦插、嫁接、压条、播种
食用部位：花朵、种子

第 五 章

走进菌类野菜

菌类野菜指可供人类食用的大型真菌。具体地说，食用菌是可供食用的蕈菌；蕈菌，指能形成大型的肉质（或胶质）子实体或菌核类组织并能供人们食用或药用的一类大型真菌，如银耳、木耳、香菇、猴头菇等。

松蕈

子实体散生或群生。菌盖为灰褐色或淡黑褐色，由半球状逐渐展开成伞状。菌柄在菌盖中央生长，直立，稍弯曲。与菌柄相连的菌褶呈白色。生长于夏秋季节。

生活习性： 常生长在没有污染的野生松树林中，且共生松树要有50年以上的树龄。

分布： 吉林、辽宁、安徽、四川、云南、贵州等地。

食用方法： 炒锅内倒入适量花生油，烧热后加入葱段、姜片、花椒、大料炝锅；倒入鸡肉片，放入酱油、甜面酱翻炒；加热水，以水刚好没过鸡肉片为宜；慢火炖至八成熟时，放入松蕈，炖至肉烂菇香即可。

饮食宜忌： 尤适宜糖尿病患者、产后人群、电脑工作者、体弱多病的人群。

功效主治： 子实体入药，具有补肾壮阳、理气化痰的作用。

菌盖表面干燥，菌肉白色，细嫩且有特殊的香气，肉质肥厚

菌柄着生于菌盖的中央，直立，稍弯曲

别名：合菌、台菌、青岗菌 | 性味：性平，味甘 | 繁殖方式：菌种 | 食用部位：子实体

金针菇

由菌丝体和子实体构成。由孢子萌发的菌丝体外有白色茸毛，而束状子实体的肉质柔软而有弹性。菌盖的颜色为黄白色至黄褐色，外表呈球形或扁半球形，上面还有一层薄薄的胶质，如果沾上水则有黏性。菌柄生于菌盖中央，呈稍弯曲的圆柱状，内部则中空。

生活习性： 常生长在榆树等阔叶树的枯干上。

分布： 中国大部分地区。

食用方法：

①金针菇洗净，入沸水焯烫，捞出洗净后，加入白糖、盐、香油凉拌，即可食用。

②入沸水焯烫，捞出沥干水分，加入蛋糊后摊成蛋饼，盛出即可。

饮食宜忌： 金针菇性凉，故平素脾胃虚寒或腹泻便溏的人忌食。金针菇不宜生吃。

功效主治： 子实体入药，具有补肝肾、益胃肠的功效，可平衡胆固醇水平、预防心血管疾病、缓解疲劳、抑制癌细胞、提高机体免疫力。

子实体一般比较小，多数成束生长，肉质柔软有弹性

菌柄生于菌盖中央，圆柱状，内部中空，稍弯曲

菌肉白色，中央厚，边缘薄

别名：毛柄小火菇、构菌、朴菇 | 性味：性凉，味甘、咸 | 繁殖方式：菌种 | 食用部位：子实体

香菇

子实体中等至稍大。菌盖由半球形变为扁平或稍扁平，颜色有浅褐色、深褐色等，盖缘上有污白色的毛状物或絮状鳞片。菌肉质地厚实坚密，白色，还散发着特殊的香味。菌盖下面是菌幕，破裂后会形成不完整的菌环。

生活习性： 喜阴凉、湿润的环境，冬、春季常生在阔叶林中。

分布： 湖北、山东、河南、浙江、福建等地。

食用方法：

①香菇洗净，作为火锅素菜，十分可口。

②香菇洗净，裹蛋糊油炸，极具风味。

饮食宜忌： 脾胃寒湿气滞或患顽固性皮肤瘙痒者不宜食用。

功效主治： 具有化痰理气、健脾开胃的功效，还能提高机体免疫力，对流行性感冒有一定的预防作用。

菌盖幼时呈半球形，后呈扁平至稍扁平

老熟后盖缘反卷、开裂

别名：冬菇、香蕈、北菇、厚菇 | 性味：性平，味甘 | 繁殖方式：菌种 | 食用部位：子实体

平菇

属于四极性异宗结合的食用菌。它一般呈纵生长状或散生在地面。菌盖的颜色为白色、乳白色至棕褐色。菌柄呈细长状，一般基部较细，中上部较粗。肉质坚实细密，只有少数品种纤维化程度较高。

生活习性： 喜多雨、阴凉或相当潮湿的环境。

分布： 中国各地。

食用方法：

①平菇洗净备用，作为火锅素菜，十分可口。

②平菇采摘后洗净，入沸水焯烫后捞出，放入蒜末、葱末和肉片，炒食。

饮食宜忌： 食用菌类过敏者忌食。

功效主治： 子实体入药，具有补虚、滋养的功效，能改善人体新陈代谢、增强体质。此外，平菇还有祛风散寒、舒筋活络的作用。

菌盖表面颜色受光线的影响而变化，光强色深，光弱色浅

菌柄侧生或偏生，白色，基部长有白色短柔毛

别名：侧耳、糙皮侧耳、蚝菇 | 性味：性温，味甘 | 繁殖方式：菌种 | 食用部位：子实体

鸡枞菌

为鸡枞子实体。菌盖呈斗笠形，颜色有灰褐色、褐色、浅土黄色、灰白色至奶油色，表面光滑无毛，老菌的盖顶会呈辐射状开裂，盖缘甚至会翻起。菌体的肉质肥厚，为白色。菌柄粗壮，颜色一般与菌盖一样，多数为白色。

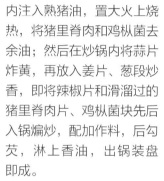

子实体充分成熟并即将腐烂时，有特殊的浓郁香气

菌柄较粗壮，白色或同菌盖色

生活习性： 喜与白蚁穴连生，常生长在林地、荒地及庄稼地等处。

分布： 贵州、云南、广西及台湾等地。

食用方法：

①将鸡枞菌去皮擦净，滚刀切为块；辣椒去籽切为小菱形片；猪里脊片盛入碗内，打好蛋清，放入少许蚕豆水粉和盐，抓匀；在炒锅内注入熟猪油，置大火上烧热，将猪里脊肉和鸡枞菌去余油；然后在炒锅内将蒜片炸黄，再放入姜片、葱段炒香，即将辣椒片和滑溜过的猪里脊肉片、鸡枞菌块先后入锅煸炒，配加作料，后勾芡，淋上香油，出锅装盘即成。

②将鸡枞菌洗净，滚刀切为小块；将鸡胸肉切块，盛入碗中，加入鸡蛋清、盐、蚕豆水粉拌匀，在炒锅内置入熟猪油，在大火上烧热后，先滑鸡块，再滑鸡枞菌块；然后将蒜瓣炸黄，加入葱段、姜片煸炒出香味时，放入滑好的鸡块和鸡枞菌块，拌炒，勾芡后即可上桌。

饮食宜忌： 一般人群皆可食用，尤适宜脾虚纳呆、消化不良或患有痔疮出血者。

功效主治： 子实体入药，具有补益胃肠、养血润燥的功效。

别名：鸡枞蕈、鸡菌 | 性味：性平，味甘 | 繁殖方式：菌种 | 食用部位：子实体

银耳

真菌银耳的子实体。整个菌体由10多片瓣片组成，这些瓣片质地柔软而有弹性，且上面有皱褶，直径5~10厘米，呈半透明状，颜色为纯白色至乳白色。制干后呈收缩状，颜色为白色或米黄色。

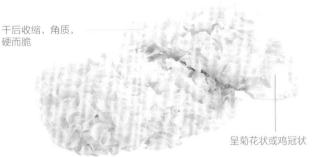

干后收缩，角质，硬而脆

呈菊花状或鸡冠状

生活习性：夏秋季生于阔叶树腐木上。

分布：四川、云南、福建、贵州、安徽、湖南等地。

食用方法：泡发后应去掉未泡发的部分，可凉拌或煮汤、做甜品等。

饮食宜忌：一般人群皆可食用，脾胃虚寒者不宜食用。

功效主治：子实体入药，具有滋补生津、润肺养胃、补肺益气、美容润肤的功效，还能提高肝脏解毒能力，增强机体的免疫力。

别名：白木耳、雪耳 | 性味：性平，味甘 | 繁殖方式：菌种 | 食用部位：子实体

毛木耳

子实体。菌体为胶状物，呈浅圆盘形或耳形；基部稍皱，但无菌柄；一般外表较光滑，但有时也稍皱；颜色由紫灰色变为黑色。它们呈束状生长。鲜嫩时质地较软；制干后则呈收缩状，食用口感稍硬。

生活习性：在栎类、桑、杨、柳、刺槐等阔叶朽木上群生。尤以构树腐朽处或朽树桩上最常见。

分布：中国大部分地区。

食用方法：毛木耳的口感与海蜇皮相似，较为脆嫩，可凉拌、炒食或煲汤食用等。

饮食宜忌：出血性疾病患者或胃肠功能较弱者忌食。

功效主治：子实体入药，具有滋阴强壮、清肺益气、活血止痛等功效；其含铁量高，是一种天然的补血食品。

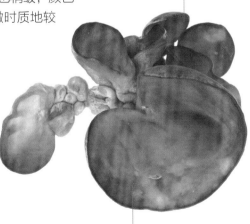

子实体表面光滑，紫灰色至黑色

初如杯状、碟状，后呈耳壳状至叶状

别名：构耳、粗木、黄背木耳 | 性味：性平，味甘 | 繁殖方式：菌种 | 食用部位：子实体

青头菌

红菇科

为真菌绿菇的子实体。菌盖为浅绿色至灰绿色，由球形变为扁半球形，菌盖顶端的中部略微向内凹，外表皮还常龟裂如斑状。菌柄的肉质松软，味道鲜美。密集的菌褶上还有横脉，颜色为白色。菌肉也为白色。

生活习性： 常生长在夏秋季的针叶林、阔叶林或针阔叶混交林中，雨后尤多。

分布： 吉林、辽宁、内蒙古、江苏、浙江、福建、台湾、湖南等地。

食用方法：

①去杂洗净，入沸水焯烫，捞出后放入煮熟的排骨锅中继续炖煮10分钟，加盐，出锅喝汤。

②洗净切段，入水中煮至软烂，加入咸蛋煮5分钟，出锅食用即可。

饮食宜忌： 一般人都适合食用，尤其适合眼疾、肝火盛、抑郁症或阿尔茨海默病患者食用。

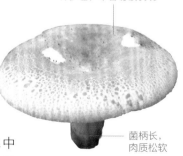

本身具有与青草一般的保护色，不容易被发现

菌柄长，肉质松软

功效主治： 子实体入药，具有清肝明目、理气解郁的功效，对眼目不明、肝经之火、肝郁内热、抑郁等症有很好的改善作用。

別名：变绿红菇、青冈菌、绿豆菌 | 性味：性温，味甘、微酸 | 繁殖方式：菌种 | 食用部位：子实体

茶树菇

粪伞科

子实体，单生、双生或丛生皆可。菌盖由暗红褐色变为淡褐色，外表面虽有较浅的皱纹，但整体仍比较平滑。菌体内表面呈椭圆形，上面长满孢子。白色菌肉上有纤维状条纹。菌柄质地较硬，上面附有颜色较淡的黏性物。

生活习性： 常生长在春夏之交乔木类植物的腐朽树根部周围。

分布： 主要生产地为江西广昌县、黎川县和福建古田县。

食用方法：

①把茶树菇泡软，外面裹以干淀粉，加适量盐调味，放入油锅中煎炸2次，达到外酥里嫩的效果即可。

②把茶树菇泡软以后，锅内放适量油，可以放少许尖椒，把茶树菇放进去煸炒，不放水，最后放适量酱油和白糖调味。

饮食宜忌： 身体虚弱、消化不良及食用菌类产生过敏的人群禁食。

成熟期菌柄变硬，上附颜色较淡的黏状物

菌盖表面平滑，暗红褐色至淡渴色，有浅皱纹

功效主治： 子实体入药，具有滋阴壮阳、润肠通便、益气开胃、健脾止泻的功效，还能提高机体免疫力。

別名：杨树菇、茶薪菇、柱状环锈伞 | 性味：性平，味甘 | 繁殖方式：菌种 | 食用部位：子实体

小美牛肝菌

子实体较大。菌盖呈扁平的半球形，上面密生茸毛，颜色为浅粉肉桂色至浅土黄色。菌柄上密布网纹，柄上半部为黄色，下半部分与菌盖同色。菌管的管口呈圆形。

生活习性：生于阔叶林或混交林中，有单生、散生，也有丛生。

分布：江苏、云南、四川、贵州、西藏、广东、广西等地。

有毒性：小美牛肝菌一次摄入量过多或烹煮不当，易引起中毒，会引起"小人国幻视症"：目及之处皆是不及一尺高的小人，面目多样，穿红着绿，性格活泼，极为调皮，不断对患者挑衅、围攻、纠缠不放；患者看到这种情境，十分烦恼，对小人指责、驱赶。严重者多表现为精神分裂症，痴呆和木僵。症状一般随着毒性的消失而减轻。

功效主治：该菌可入药用，用来缓解消化不良、腹胀。

菌盖浅粉肉桂色至浅土黄色

菌柄上半部黄色，下半部近似菌盖色

别名：风手青、粉盖牛肝菌、华美牛肝菌 | 性味：性凉，味甘 | 繁殖方式：菌种 | 食用部位：子实体

双色牛肝菌

子实体较大。菌盖为深红色、黄褐色等，色泽较暗、不明亮，盖顶端中央呈半球形凸起，触感毛茸茸的，有时边缘也有延伸出的薄缘膜。菌肉质地较脆，颜色为黄色。如果折断后，颜色会先变成蓝色，然后再还原为原色。菌管为蜜黄色。

生活习性：常生于松树、栎树的混交林中，也见于冷杉树下。

分布：四川、云南、西藏等地。

食用方法：

①采摘后洗净，作为火锅素菜，十分可口。

②采摘后洗净，入沸水焯烫后捞出，放入蒜末、葱末和肉片，炒食。

饮食宜忌：适宜糖尿病、食少腹胀、腰腿疼痛或手足麻木的患者。慢性胃炎患者慎食。

功效主治：子实体入药，是珍稀菌类，其营养丰富，有防病治病、强身健体的功效。

菌盖中凸呈半球形，有时不甚规则，盖表面干燥

菌柄表面光滑，上部黄色，渐下呈苹果红色

别名：牛肝菌 | 性味：性温，味甘 | 繁殖方式：菌种 | 食用部位：子实体

草菇

菌盖幼时呈钟形，后呈伞形至碟形，一般直径为5~12厘米；颜色为鼠灰色，由中央向四周逐渐变浅；顶端有颜色较暗的放射状纤毛，只有少数有凸起的三角形鳞片。菌柄呈圆柱形，上部位于菌盖中央，下部则与菌托连接。

生活习性： 生于潮湿、腐烂的稻草堆上。夏、秋季多人工栽培。

分布： 福建、湖南、广东、广西、四川等地。

食用方法：

①采集后洗净，作为火锅素菜，十分可口。

②洗净备用，加入汤中，增添风味。

饮食宜忌： 草菇性寒，平素脾胃虚寒之人忌食。此外，无论鲜品还是干品，都不宜浸泡过长时间。

功效主治： 子实体入药，具有清热解暑、补益气血、养阴生津的功效，可适当缓解暑热烦渴、体质虚弱、头晕乏力等症。

菌柄顶部和菌盖相接，圆柱形

菌盖碟状，鼠灰色，顶端颜色较深，四周渐浅

別名：稻草菇、兰花菇、秆菇 | 性味：性寒，味甘、微咸 | 繁殖方式：菌种 | 食用部位：子实体

松树菌

子实体较小。菌盖为粉红色、玫瑰红色或珊瑚红色，逐渐由半球形展开，成熟后，菌盖顶端的中部则向下凹陷，有黏滑感。菌柄的底部为黄褐色，内部则为黄色，整体呈柱形。菌褶为污白色、灰褐色或褐色，褶皱较少。菌肉肥厚，颜色为白色，后略带粉色。

生活习性： 夏、秋季在针叶树等混交林地上群生或散生。

分布： 广西、广东、

菌盖半球形至近乎平展，后期有时中部稍下凹

菌柄整体呈柱形，基部稍细

吉林、辽宁、湖南、湖北、云南、江西、四川、西藏等地。

食用方法： 新鲜的菌先撕去表层膜衣，洗净后必须用盐水浸泡4个小时，方可食用。

饮食宜忌： 适宜胃病或糖尿病患者。

功效主治： 子实体入药，能强身、止痛、益胃肠，具有保肝作用。

別名：松毛菌、铆钉菇 | 性味：性温，味淡 | 繁殖方式：菌种 | 食用部位：子实体

鸡油菌

　　为真菌鸡油菌的子实体。菌盖肉质肥厚，呈喇叭状，直径3~9厘米，菌盖由扁平变为下凹状，盖缘呈波状，裂开后则向内卷，颜色为杏黄色至蛋黄色。肉质细嫩。

　　生活习性：秋季生长于北温带深林内。

　　分布：中国东北、华北、华东、西南、华南地区。

　　食用方法：

　　①焯水，剁碎后和肉末放在一起，加上各种调料，然后包饺子煮食。

　　②洗净后放入锅中，加入肉片炒熟，放盐即可。

　　饮食宜忌：皮炎患者忌食。湿气较重者少食。

　　功效主治：子实体入药，有清目利肺、益肠健胃、提神补气的功效。经常食用，可改善由于缺乏维生素A所致的皮肤粗糙或干燥症，还能预防视力失常、眼结膜炎及夜盲等。

菌盖圆形，平展或稍凹

菌柄呈圆柱形，基部有时稍细或稍大

別名：杏菌、杏黄菌　｜　性味：性寒，味甘　｜　繁殖方式：菌种　｜　食用部位：子实体

绣球菌

　　子实体，菌体为中大形。菌柄粗壮，上面长出许多分枝，分枝顶端形成无数瓣片，如绣球般，颜色为白色、污白色或污黄色。瓣片较薄，质地硬脆，呈银杏叶状或扇形，边缘为波状。

　　生活习性：夏、秋季常生于针叶混交林地上。喜有机质丰富的微酸性土壤和潮湿的生长环境。

　　分布：云南大部分地区都有，每年7~9月生长在马尾松树下。

　　食用方法：

　　①切成小块，洗净晾干，加入香干，翻炒后调味即可。

　　②洗净后，入沸水锅中焯熟，捞出加入香油、醋、盐、白糖，凉拌即可。

　　饮食宜忌：菌内含异性蛋白质，对蛋类、乳类或海鲜过敏者慎食。

　　功效主治：子实体入药，含有抗氧化物质，能延缓衰老、降低胆固醇水平、调节血脂等，还能增强机体免疫力。

枝端形成无数曲折的瓣片，形似巨大的绣球

瓣片似银杏叶状或扇形，而边缘弯曲不平，呈波状

別名：干巴菌、对花菌、马牙菌　｜　性味：性平，味甘　｜　繁殖方式：菌种　｜　食用部位：子实体

羊肚菌

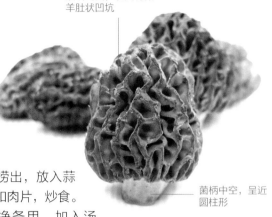

顶端钝圆，表面有似羊肚状凹坑

菌盖呈近球形、卵形至椭圆形；表面有羊肚状的凹陷，凹陷处一般没有固定形状，但有时也呈近圆形；颜色为淡棕褐色至淡黄褐色，上有不规则的棱状条纹。菌柄中空，呈近圆柱形，颜色近白色。

生活习性： 多生长在阔叶林或针阔混交林的腐殖质层上。主要生长于富含腐殖质的沙壤土中或褐土中。

分布： 中国各地。

食用方法：

①采摘后洗净，入沸水焯烫后捞出，放入蒜片、葱末和肉片，炒食。

②洗净备用，加入汤中，增添风味。

饮食宜忌： 一般人群皆可食用，尤适宜脾胃虚弱、消化不良、痰多气短或头晕失眠等患者。

菌柄中空，呈近圆柱形

功效主治： 子实体入药，具有益胃肠、化痰理气、补肾壮阳、补脑提神的功效，对脾胃虚弱有一定的改善作用。

别名：羊肚菜、美味羊肚菌 | 性味：性平，味甘 | 繁殖方式：菌种 | 食用部位：子实体

猴头菇

外形呈头状或倒卵状，似猴子的头，故名"猴头菇"

子实体。菌盖呈扁半球形或球形，直径5~15厘米；鲜嫩时为白色，制干后则为褐色或淡褐色。整个菌体被菌刺密集覆盖，菌刺呈下垂状。孢子呈球形或近球形，有透明、无色、润滑的特征。

生活习性： 常生长在湿度较高的开阔森林，温度也要保持在20℃左右。

分布： 中国大部分地区。

食用方法：

①将猴头菇清洗干净，用刀切成小块，放到碗里后，打入1个鸡蛋进行搅拌。将两者充分搅匀之后，放进锅里蒸8分钟即可。

②猴头菇洗净后控干水；在炖锅里加清水，放上猴头菇和鸡肉片，加陈皮、姜等调料；将水煮开之后，转成小火，煮1个小时，取出后加入盐即可。

肉质柔软细嫩，白色，有清香味

饮食宜忌： 尤其适宜慢性胃炎、胃及十二指肠溃疡、心血管疾病患者或体虚、营养不良、神经衰弱的患者，以及食管癌、贲门癌、胃癌等患者食用。

功效主治： 子实体入药，具有利五脏、助消化、提升免疫力的功效。

别名：猴头菌、猴头蘑、刺猬菌 | 性味：性平，味甘 | 繁殖方式：菌种 | 食用部位：子实体